"十二五"职业教育国家规划教材

经全国职业教育教材审定委员会审定

普通高等教育"十一五"国家级规划教材

21世纪高职高专电子信息类规划教材

电子产品工艺

第 3 版

主 编 李 水 樊会灵

参 编 陈 强

主 审 刘莲青

机械工业出版社

本书是"十二五"职业教育国家规划教材、普通高等教育"十一五"国家级规划教材，是为高职高专电子信息类专业编写的电子工艺基础教材。

内容包括：常用电子元器件、印制电路板的设计与制作、焊接工艺、电子产品的防护与电磁兼容、整机装配工艺和电子产品的调试与检验。书中详细介绍了新型元器件、新的焊接材料及焊接工艺、新产品的调试方法、ISO9000 标准系列等。

本书以加强实践能力的培养为目标，考虑到电子工艺的发展，突出新工艺和实用性，兼顾基础知识，概念清楚、重点明确，在内容的编排上充分考虑了教学的需求。本书也可供相关工程技术人员参考。

为方便教学，本书备有免费电子课件、习题参考答案和模拟试卷，凡选用本书作为授课教材的教师，均可来电索取，咨询电话：010-88379375，Email：cmpgaozhi@sina.com。

图书在版编目（CIP）数据

电子产品工艺/李水，樊会灵主编. —3 版. —北京：机械工业出版社，2015.4（2022.1 重印）

"十二五"职业教育国家规划教材　普通高等教育"十一五"国家级规划教材　21 世纪高职高专电子信息类系列教材

ISBN 978-7-111-49504-8

Ⅰ.①电⋯　Ⅱ.①李⋯②樊⋯　Ⅲ.①电子产品—生产工艺—高等职业教育—教材　Ⅳ.①TN05

中国版本图书馆 CIP 数据核字（2015）第 043018 号

机械工业出版社（北京市百万庄大街 22 号　邮政编码 100037）
策划编辑：于宁　责任编辑：于宁　冯睿娟
版式设计：常天琦　责任校对：刘秀芝
封面设计：马精明　责任印制：单爱军
北京虎彩文化传播有限公司印刷
2022 年 1 月第 3 版第 6 次印刷
184mm×260mm・10.75 印张・264 千字
8301—9300 册
标准书号：ISBN 978-7-111-49504-8
定价：39.00 元

电话服务　　　　　　　　网络服务
客服电话：010-88361066　机　工　官　网：www.cmpbook.com
　　　　　010-88379833　机　工　官　博：weibo.com/cmp1952
　　　　　010-68326294　金　书　网：www.golden-book.com
封底无防伪标均为盗版　机工教育服务网：www.cmpedu.com

第 3 版 前 言
Preface

本书为"十二五"职业教育国家规划教材,在修订过程中,融合了电子组装工艺技术的发展和编者多年的教学经验。

第一章对表面安装电阻、电容、电感、二极管和晶体管的知识进行了更新和扩充,并将这些内容置于对应的通孔元器件的每一节中。

第二章改动较大,第三节手工制作印制电路板中,将原有的穿线制作法和漆图制作法去掉,增加了当前比较流行的热转印制作法,并以实例为内容,增加了相应的图片。第四节原内容介绍的 Protel 版本较低,已不能跟上当前知识发展的需要,所以对第四节重新进行编写,介绍当前流行的 Altium Designer Summer 09 软件的使用方法。在印制电路板设计这部分,重新绘制了部分插图,并添加了新的内容和图片,使内容更易于理解。

第三章的第一节中加入了锡铅焊料组成和特点的介绍。由于当前表面安装技术的广泛使用,还加入了表面安装设备介绍及表面安装技术的工艺流程。

第五章将原有以插装为主的整机装配实例,替换为以手工贴装焊接为主的表面安装收音机,这也适应了当前电子工艺技术的发展趋势,这部分内容以工艺文件的形式呈现给读者。

第六章在原 ISO9000-2000 版标准介绍的基础上增加了当前修订后的 ISO9000-2008 版的介绍,使读者能了解到 ISO9000 标准的最新发展动向。

本书的第 3 版仍然保持前两版短小精悍、经济实用的特点,在当今电子产品快速发展的时代,是一本合适的教科书。

本书中有些元器件符号及电路图采用的是 Altium Designer Summer 09 软件的符号标准,与国家标准不符,特提请读者注意。

本书由北京信息职业技术学院李水和樊会灵任主编,陈强编写了第一、二、五章,李水编写了第三、四、六章,李水和樊会灵负责全书的统稿工作。

本书由刘莲青任主审,她对本书提出了许多宝贵意见,在此表示诚挚的感谢。

由于编者水平有限,书中难免有错误和不妥之处,恳请读者批评指正。

编　者

第 2 版 前 言
Preface

本书为普通高等教育"十一五"国家级规划教材,在修订的过程中,融合了学科的进展和编者多年的教学经验。

第一章对表面安装集成电路的知识进行了扩充,使这部分内容更加详细,又添加了实物图片,使内容更直观。

第二章改动较大,尤其是第四节,原内容介绍的 Protel 版本较低,已不能跟上当前知识发展的需要,所以对第四节重新进行编写,介绍当前流行的 Protel 2004 的使用方法。在印制电路板设计这部分,重新绘制了部分插图,并添加了新的内容和图片,使内容更易于理解。

第三章加入无铅焊料、无铅助焊剂和无铅焊接的工艺技术与设备的介绍。因为铅会对人体产生很大的危害,有铅焊料和助焊剂在电子产品中被限制使用,所以在这章中加入无铅焊料和助焊剂的介绍,以便读者对无铅焊料和助焊剂加深了解。同时无铅焊料的使用对无铅设备提出了新的要求,所以加入无铅焊接技术的介绍。

第四章增加了热设计中的元器件布局及安装的内容,这对读者是非常重要的,不管以后是做设计还是装配,都需要掌握这部分内容,因为它对大功率电子产品的工作性能影响重大。

第五章增加了插件工艺文件编制的内容,其目的一方面是考虑到作为电子技术人员的需要,另一方面是近两年大学生电子技术竞赛中这部分内容也占有很大比重。

第六章加入了电子产品质量管理的内容和 ISO9000 标准系列的知识。众所周知电子产品的质量不是检验出来的而是设计制造出来的,质量管理正是对产品设计制造全过程进行监控。这部分内容的介绍,可以使读者了解到质量管理和 ISO9000 标准的基本内容。

本教材的第 2 版仍然保持了第 1 版短小精悍、经济实用的特点,在当今电子产品快速发展的时代,是一本合适的教科书。

本书中有些元器件符号及电路图采用的是 Protel 2004 软件的符号标准,与国家标准不符,特提请读者注意。

本教材由北京信息职业技术学院樊会灵任主编。陈强编写了第一、二章,李水编写了第三、六章,樊会灵编写了第四、五章并负责全书的统稿工作。

本教材由刘莲青任主审,她对本书提出了许多宝贵意见,在此表示诚挚的感谢。

由于编者水平有限,书中难免有错误和不妥之处,恳请读者批评指正。

编 者

第 1 版 前 言
Preface

当前，电子产品与人们的生活愈加密不可分，大到国防建设、航天工业，小到收音机、石英钟，电子产品可谓无处不在。电子产品的质量关系到各行各业，特别是我国已加入了世界贸易组织，电子产品的质量将直接影响到我国的电子产品在全球市场上的占有率。因此，产品质量的重要性不言而喻。编者曾多年在生产一线从事工艺管理工作，深知工艺设计的优劣以及操作者对工艺的理解和执行情况对产品质量的重大影响。编写本教材的目的，就是为了培养懂理论、有技术的一线技术应用型人才，而这正是高等职业技术教育的培养目标。

本教材的特点是突出理论联系实际，并体现了新知识、新技术、新工艺和新方法，图文并茂，通俗易懂，非常实用。

本教材从生产实际出发，以电子整机的生产为主线，内容涉及电子产品生产的全过程。全书共分六章，在第一章中，除介绍了电阻、电容、电感和晶体管等常用元器件外，还增加了光敏器件、热敏器件、激光器件以及表面安装元器件等；在第二章中，介绍了印制电路板的设计与制作方法以及当今流行的 Protel 电子绘图软件的使用方法，并应用 Protel 软件绘制了部分插图；在第三章中，介绍了焊接原理以及波峰焊、再流焊等焊接技术，同时详细介绍了 BGA(球栅阵列)封装集成电路的焊接技术；在第四章中，介绍了电子产品的防护、散热、电磁兼容和静电防护技术；第五章以 AM/FM 收音机装配工艺为例，详细介绍了整机装配工艺及工艺文件的编制方法；第六章以 AM/FM 收音机和 I^2C 彩电为例，介绍了电子产品的调试方法，同时介绍了 ISO9000 国际质量标准。

本教材由北京信息职业技术学院樊会灵主编。陈强编写第一、二章，李水编写第三、六章，樊会灵编写第四、五章并负责全书统稿。

本教材由刘莲青主审，她对本书提出了许多宝贵意见，在此表示诚挚的感谢。

由于编者水平有限，书中难免有错误和不妥之处，恳请读者批评指正。

编　者

目 录

Contents

第一章

常用电子元器件

电子元器件是在电路中具有独立电气功能的基本单元。电子元器件在各类电子产品中占有重要地位，特别是一些通用电子元器件，更是电子产品中必不可少的基本材料。熟悉和掌握各类元器件的性能、特点和使用方法等，对电子产品的设计、制造起着十分重要的作用。

第一节 电阻器和电位器

一、电阻器的种类

电阻器通常称为电阻，是一种应用非常广泛的电子元件，它具有稳定和调节电路中电压和电流的功能。

电阻器的种类繁多，按其材料可分为碳膜、金属膜和线绕电阻器；按用途可分为通用、精密型电阻器；按引出线的不同可分为轴向引线、无引线电阻器。常见电阻器的外形及电路符号如图 1-1 和图1-2所示。

下面重点介绍几种常用电阻器的结构、特点及应用。

（1）碳膜电阻 碳膜电阻是最早、最广泛使用的电阻。它是由碳沉积在瓷质基体上制成的，通过改变碳膜的厚度或长度，可以得到不同的电阻值。其主要特点是高频特性比较好、价格低，但精度差。它广泛用于收录机、电视机等电子产品中。

（2）金属膜电阻 金属膜电阻是在真空条件下，在瓷质基体上沉积一层合金粉制成的。通过改变金属膜的厚度或长度可得到不同的阻值，其主要特点是耐高温。当环境温度升高后，其阻值变化与碳膜电阻相比，变化很小。另外其高频特性好，精度高，常在精密仪表等高档设备中使用。

（3）线绕电阻 线绕电阻是用康铜丝或锰铜丝缠绕在绝缘骨架上制成的。它有很多优点：耐高温、噪声小、精度高、功率大。但其高频特性差，这主要是由于其分布电感较大。在低频的精密仪表中被广泛应用。

（4）保险电阻 保险电阻具有双重功能，在正常情况下具有普通电阻的电气特性，但一旦电路中电压升高、电流变大或某个元器件损坏，保险电阻就会在规定的时间内熔断，从而达到保护其他元器件的目的。

a) 热敏电阻　　b) 碳膜电阻
c) 金属膜电阻　　d) 线绕电阻
e) 金属氧化膜电阻　　f) 湿敏电阻

图 1-1　常见电阻器的外形

（5）NTC、PTC 热敏电阻 负温度系数（Negative Temperature Coefficient, NTC）热敏电阻是一种具有负温度系数变化的热敏元件，其阻值随温度升高而减小，可用于稳定电路的工作点。正温度系数（Positive Temperature Coefficient, PTC）热敏电阻是一种具有正温度系数变化的热敏元件。在达到某一特定温度前，电阻值随温度升高而缓慢升高，当超过这个温度时，其阻值急剧增大。这个特定温度点称为居里点。PTC 热敏电阻的居里点可通过改变其材料中各成分的比例来变化。PTC 热敏电阻在家电产品中被广泛应用，如彩电的消磁电阻、电饭煲的温控器等。

a) 电阻器的一般符号 b) 可调电阻器 c) 热敏电阻

d) 压敏电阻 e) 光敏电阻 f) 1/8W 电阻

g) 1/4W 电阻 h) 1/2W 电阻 i) 1W 电阻

图 1-2 常见电阻器的电路符号

二、电阻器的主要技术参数

（一）标称阻值及误差

标称阻值是指电阻器表面所标示的阻值。除特殊定做的电阻以外，其阻值范围应符合国标中规定的标称值系列。目前电阻器标称值有三大系列：E6、E12 和 E24，E24 系列最全。电阻器标称值系列见表 1-1。

表 1-1 电阻器标称值系列

标称值系列	精　度	标　称　阻　值
E24	±5%	1.0，1.1，1.2，1.3，1.5，1.6，1.8，2.0，2.2，2.4，2.7，3.0，3.3，3.6，3.9，4.3，4.7，5.1，5.6，6.2，6.8，7.5，8.2，9.1
E12	±10%	1.0，1.2，1.5，1.8，2.2，2.7，3.3，3.9，4.7，5.6，6.8，8.2
E6	±20%	1.0，1.5，2.2，3.3，4.7，6.8

注：表中阻值可乘以 10^n，其中 n 为正整数或负整数。

标称阻值往往与其实际阻值有一定偏差，这个偏差与标称阻值的百分比叫作电阻器的误差。误差越小，电阻器精度越高。

1. 单位

电阻的单位是欧姆，用 Ω 表示。除欧姆外，还有千欧（$k\Omega$）和兆欧（$M\Omega$），使用时应遵循以下原则：若用 R 表示电阻的阻值，$R < 1000\Omega$，用 Ω 表示；$1000\Omega \leqslant R < 1000k\Omega$，用 $k\Omega$ 表示；$R \geqslant 1000k\Omega$，用 $M\Omega$ 表示。

2. 阻值的表示方法

（1）直标法 直接用数字表示电阻器的阻值和误差，例如电阻器上印有 $68k\Omega \pm 5\%$，则阻值为 $68k\Omega$，误差为 $\pm 5\%$。

（2）文字符号法 用数字和文字符号或两者有规律的组合来表示电阻器的阻值。文字符号 Ω、k、M 前面的数字表示阻值的整数部分，文字符号后面的数字表示阻值的小数部分，例如，2k7 表示其阻值为 2.7kΩ。

（3）色标法 用不同颜色的色环表示电阻的阻值和误差。常见的色环电阻有四环和五环电阻两种，四环和五环电阻色环颜色与数值对照表分别见表 1-2 和表 1-3，其中五环电阻属于精密电阻。

表 1-2 四环电阻色环颜色与数值对照表

色环颜色	第一色环	第二色环	第三色环	第四色环
	第一位数	第二位数	倍率	误差
棕	1	1	$\times 10^1$	±1%
红	2	2	$\times 10^2$	±2%
橙	3	3	$\times 10^3$	
黄	4	4	$\times 10^4$	
绿	5	5	$\times 10^5$	±0.5%
蓝	6	6	$\times 10^6$	±0.25%
紫	7	7	$\times 10^7$	±0.1%
灰	8	8	$\times 10^8$	±0.05%
白	9	9	$\times 10^9$	
黑		0	$\times 10^0$	
金			$\times 10^{-1}$	±5%
银			$\times 10^{-2}$	±10%

表 1-3 五环电阻色环颜色与数值对照表

色环颜色	第一色环	第二色环	第三色环	第四色环	第五色环
	第一位数	第二位数	第三位数	倍率	误差
棕	1	1	1	$\times 10^1$	±1%
红	2	2	2	$\times 10^2$	±2%
橙	3	3	3	$\times 10^3$	
黄	4	4	4	$\times 10^4$	
绿	5	5	5	$\times 10^5$	±0.5%
蓝	6	6	6	$\times 10^6$	±0.25%
紫	7	7	7	$\times 10^7$	±0.1%
灰	8	8	8	$\times 10^8$	±0.05%
白	9	9	9	$\times 10^9$	
黑		0	0	$\times 10^0$	
金				$\times 10^{-1}$	±5%
银				$\times 10^{-2}$	

电阻器色环表示法示例，如图 1-3 所示。

在实际中，读取色环电阻器阻值时应注意以下几点：

1）熟记表 1-2 和表 1-3 中色数对应关系。

2）找出色环电阻的第一环，其方法有：

① 色环靠近引出端最近的一环为第一环。

代表阻值　$68×10^2\Omega±5\%=6.8k\Omega±5\%$　　代表阻值　$470×10^2\Omega±1\%=47k\Omega±1\%$

图 1-3　电阻器色环表示法示例

② 四环电阻多以金色作为误差环，五环电阻多以棕色作为误差环。

3）若色环电阻标记不清或个人辨色能力差，则只能用万用表测量。

（4）数码法　数码法是用三位数码表示电阻的标称阻值。数码从左到右，前两位为有效值，第三位是乘数，即表示在前两位有效值后所加零的个数。例如，152 表示在 15 的后面加两个 0，即 $1500\Omega(1.5k\Omega)$。此种方法在贴片电阻中使用较多。

（二）额定功率

电阻长时间工作时所允许加的最大功率称为额定功率。电阻器的额定功率通常有 1/8W、1/4W、1/2W、1W、2W、5W、10W 等。大功率电阻在安装时应与电路板留有一定距离，以利于散热。

三、电阻器的正确使用

电阻器在使用时应遵循以下原则：

1. 按用途选择电阻器的种类

在一般档次的电子产品中，选用碳膜电阻就可满足要求。对于环境较恶劣的地方或精密仪器中，应选用金属膜电阻。

2. 正确选取阻值和允许误差

对于一般电路，选用误差为 ±5% 的电阻即可，对于精密仪器应选用高精度的电阻器。

3. 额定功率的选择

为保证电阻器可靠耐用，其额定功率应是实际功率的 2～3 倍。

四、电位器

电位器是一种阻值可以连续调节的电阻器。在电子产品设备中，经常用它进行阻值、电位的调节。例如，在收录机中用其来控制音调、音量；在电视机中用其来调节亮度、对比度等。

（一）电位器的种类

电位器的种类很多，形状各异，按材料可分为合成碳膜、金属氧化膜电位器等；按照调节方式可分为直滑式和旋转式电位器；按结构特点可分为抽头式电位器、带开关的电位器等。常见电位器外形如图 1-4 所示。

（二）电位器的性能参数

1. 电位器的阻值

电位器的阻值即电位器的标称阻值，是指其两固定端间的阻值。电位器的电路符号如图 1-5 所示，其中 a、b 为电位器的固定端，c 为电位器的滑动端。调节 c 的位置可以改变 ac 或 bc 间的阻值，但是不管怎样调节，总是遵循如下原则：$R_{ab}=R_{ac}+R_{bc}$。

a) 线绕电位器　　　　b) 碳膜电位器　　　　c) 合成碳膜电位器

d) 实芯电位器　　　e) 单联电位器　　　f) 双联电位器　　　g)多圈电位器

图 1-4　常见电位器外形

2. 阻值的变化规律

电位器的阻值变化规律有三种：直线式（X），指数式（Z）和对数式（D）。直线式电位器适用于需要电阻值调节均匀变化的场合，如分压电路；指数式电位器适宜人耳感觉特性，多用在音量控制电路中；对数式电位器在开始转动时阻值变化很大，在转角接近最

图 1-5　电位器的电路符号

大阻值一端时，阻值变化会比较缓慢，此种电位器多用在音调控制及对比度调节电路中。

（三）电位器的质量判别

电位器在使用过程中，由于旋转频繁而容易发生故障，具体表现为噪声大、声音时大时小、电源开关失灵等。可用万用表来检查电位器的质量。

（1）测量电位器 a、b 端的总阻值是否符合标称阻值　把表笔分别接在 a、b 之间，看万用表读数是否与标称阻值一致。

（2）查滑动端　把表笔分别接在 a、c 或 b、c 之间，慢慢转动电位器，阻值应连续变大或变小，若有跳动则说明电位器接触不良。测量各端子与外壳及轴之间的绝缘电阻是否为无穷大，若电位器带有开关，还应检测开关的好坏。

五、表面安装电阻器

随着电子科学理论的发展和工艺技术的改进，以及电子产品体积的微型化，性能和可靠性的进一步提高，电子元器件呈现由大到小、轻、薄发展的趋势，出现了表面安装技术，简称 SMT（Surface Mount Technology）。

SMT 是包括表面安装器件（SMD）、表面安装元件（SMC）、表面安装集成电路（SMIC）、表面安装印制电路板（SMB）及点胶、涂膏、表面安装设备、焊接及在线测试等在内的一套完整工艺技术的统称。SMT 发展的重要基础是 SMD 和 SMC。

表面安装元器件（又称片状元器件）包括电阻器、电容器、电感器及半导体器件等，它具有体积小、重量轻、安装密度高、可靠性高、抗震性能好、易于实现自动化等特点。表面安装元器件在计算机、手机、iPad、DVD 等电子产品中已大量使用。

1. 表面安装电阻器的种类

表面安装电阻器按封装外形，可分为片状和圆柱状两种。表面安装电阻器按制造工艺可分为厚膜型（RN 型）和薄膜型（RK 型）两大类。片状电阻器一般是用厚膜工艺制作的：在一

个高纯度氧化铝（Al_2O_3，96％）基底平面上网印二氧化钌（RuO_2）电阻浆来制作电阻膜；改变电阻浆料成分或配比，就能得到不同的电阻值，也可以用激光在电阻膜上刻槽微调电阻值；然后再印刷玻璃浆覆盖电阻膜，并烧结成釉保护膜，最后把基片两端做成焊端，图1-6所示为片状电阻器结构示意图。

　　圆柱状表面安装电阻器如图1-7所示，可以用薄膜工艺来制作。在高铝陶瓷基柱表面溅射镍铬合金膜或碳膜，在膜上刻槽调整电阻值，两端压上金属焊端，再涂覆耐热漆形成保护层并印上色环标志。圆柱形表面安装电阻器主要有碳膜、金属膜及跨接用的0Ω电阻器三种。

电阻膜　保护膜　电极焊端
外部电极
氧化铝基底

电阻膜　耐热漆
螺纹槽　端电极
陶瓷基柱
标志色环

图1-6　片状电阻器结构示意图　　　　图1-7　圆柱状表面安装电阻器

2. 外形尺寸

　　片状表面安装电阻器是根据其外形尺寸的大小划分的，欧美产品大多采用英制系列，日本产品大多采用公制系列，我国这两种系列都可以使用。无论哪种系列，系列型号的前两位数字表示元件的长度，后两位数字表示元件的宽度。例如，公制系列2012（英制0805）的矩形片状电阻，长 L = 2.0 mm（0.08 in），宽 W = 1.2 mm（0.05 in）。此外，系列型号的发展变化也反映了SMC元件的小型化进程：5750（2220）→4532（1812）→3225（1210）→3216（1206）→2520（1008）→2012（0805）→1608（0603）→1005（0402）→0603（0201）→0402（01005）。

3. 标称数值的标注

　　圆柱状表面安装电阻器的阻值标注一般采用色标法，阻值的识别与有引线电阻一样。片状电阻器的标注采用数码法，当片状电阻器阻值精度为±5％时，若阻值在10Ω以上，采用3位数字表示，前2位是有效数字，第3位是表示在前2位后面添加0的个数；若阻值小于10Ω，在两个数字之间补加"R"表示，例如"3R6"表示3.6Ω，跨接线记为000。当片状电阻值精度为±1％时，则采用4位数字表示，前面3位数字为有效数字，第4位表示在前3位有效数字后添加的0的个数，例如电阻表面标识为"1002"，表示其阻值是100后面添加两个0，阻值即为10000（10k）；阻值小于10Ω的电阻，仍在第二位补加"R"；阻值为100Ω时，则在第4位补"0"。例如4.7Ω记为4R70，100Ω记为1000，1MΩ记为1004，10Ω记为10R0。

　　另一种是在料盘上的标注。如RC05K103JT，其中，左起两位RC为产品代号，表示矩形片状电阻器，左起第3、4位05表示型号（0805），第5位表示电阻温度系数，K为±250ppm/℃（$10^{-5}℃^{-1}$），左起第6到第8位表示电阻值，如103表示电阻值为：10kΩ，左起第9位表示电阻值误差，如J为±5％，最后1位表示包装，T为编带包装。

4. 电阻排

电阻排也称电阻网络或集成电阻，它是将多个参数与性能一致的电阻，按预定的配置要求连接后置于一个组装体内的电阻网络。图 1-8 所示为 8P4R（8 引脚 4 电阻）3216 系列表面安装电阻排的外形与尺寸。

图 1-8 3216 系列表面安装电阻排的外形与尺寸

六、片状电位器

表面安装电位器又称为片式电位器是一种可连续调节的可变电阻器。其形状有片状、圆柱状、扁平矩形等结构的各类电位器，它在电路中起到调节分电路电压和分电路电阻的作用。标称阻值范围在 $100\Omega \sim 1M\Omega$ 之间，阻值允许偏差 $\pm 25\%$，额定功耗系列为 0.05W，0.1W，0.125W，0.2W，0.25W，0.5W。

片状电位器主要采用玻璃釉作为电阻体材料，其特点是体积小，一般为 $4mm \times 5mm \times 2.5mm$；重量轻，仅 $0.1 \sim 0.2g$；高频特性好，使用频率可超过 100MHz；阻值范围宽，为 $10\Omega \sim 2M\Omega$；额定功率有 1/20W、1/10W、1/8W 等几种。

片状电位器有四种不同的外形结构，分别是：敞开式结构、防尘式结构、微调式结构、全密封式结构。

（1）敞开式结构 敞开式电位器如图 1-9a 所示，这种电位器无外壳保护，灰尘和潮气易进入产品，对性能有一定影响，但价格低廉。敞开式的平状电位器仅适用于再流焊工艺，不适用于贴片波峰焊工艺。

（2）防尘式结构 防尘式电位器如图 1-9b 所示，有外壳或护罩，灰尘和潮气不易进入产品，性能好，多用于投资类电子整机和高档消费类电子产品中。

（3）微调式结构 微调式电位器如图 1-9c 所示，属精细调节型，性能好，但价格昂贵，多用于投资类电子整机中。

（4）全密封式结构 全密封式电位器如图 1-9d 所示，其特点是调节方便、可靠、寿命长。

a) 敞开式   b) 防尘式   c) 微调式   d) 全密封式

图 1-9 片状电位器

第二节　电　容　器

电容器是在两个金属电极中间夹一层绝缘材料(介质)构成的,它是一种储存电能的元件,在电路中具有交流耦合、旁路、滤波、信号调谐等作用,电容器通常称为电容。

一、电容器的分类

电容器按结构可分为固定电容器、可变电容器、微调电容器;按介质可分为空气介质电容器、固体介质(云母、陶瓷、涤纶等)电容器及电解电容器;按有无极性可分为有极性电容器和无极性电容器。常见电容器的外形及电路符号如图1-10和图1-11所示。

a) 瓷片电容　　b) 电解电容　　c) 微调电容　　　　　d) 钽电容

e) 双联电容　　　　　　　　f) 云母电容

图1-10　常见电容器的外形

a) 电容器的一般符号　b) 电解电容　c) 可变电容　d) 微调电容　e) 双联电容

图1-11　常见电容器的电路符号

二、电容器的参数及识别方法

1. 电容器容量

电容器的容量是指电容器加上电压后储存电荷能力的大小,用C表示。它的基本单位是法拉(F),由于法拉这个单位太大,因而常用的单位有微法(μF)、纳法(nF)和皮法(pF)。其中

$$1\mu F = 10^{-6}F \qquad 1nF = 10^{-9}F \qquad 1pF = 10^{-12}F$$

2. 额定工作电压

额定工作电压又称为耐压,是指在允许的环境温度范围内,电容上可连续长期施加的最大电压有效值。它一般直接标注在电容器的外壳上,使用时绝不允许电路的工作电压超过电容器的耐压,否则电容器就会击穿。

3. 电容器容量的标识方法

电容器容量的标识方法主要有直标法、数码法和色标法三种,下面分别加以介绍。

（1）直标法　将电容器的容量、误差及耐压直接标注在电容器的外壳上，其中误差一般用字母来表示。常见的表示误差的字母有 F（±1%）、G（±2%）、J（±5%）和 K（±10%）等。例如：

47nJ100　　　表示 47nF 或 0.047μF，误差为 ±5%，耐压为 100V

100　　　　　表示 100pF

0.039　　　　表示 0.039μF

当电容器所标容量没有单位时，在读其容量时可参考如下原则：

1）容量在 $1 \sim 10^4$ 之间时，读作皮法。例如，470 读作 470pF。

2）容量大于 10^4 时，读作微法。例如，22000 读作 0.022μF。

（2）数码法　用三位数字来表示容量的大小，单位为 pF。前两位为有效数字，第三位表示倍率 i，即乘以 10^i，i 的取值范围是 $1 \sim 9$，其中 9 表示 10^{-1}。例如，333 表示 33000pF 或 0.033μF；229 表示 2.2pF。

（3）色标法　这种表示方法与电阻器的色环表示方法类似，其颜色所代表的数字与电阻色环完全一致，单位为 pF。

除了以上表示方法外，电容器容量还有其他表示方法。例如，.01 表示 0.01μF；220MFD 表示 220μF（MFD 为日系标识，表示微法）；R22 表示 0.22μF（用 R 表示小数点）。

三、电容器的选用及性能检测

1. 电容器的合理选用

电容器的种类繁多，性能指标各异，合理选用电容器对产品设计来讲十分重要。对于要求不高的电路通常可选用低频瓷介电容；要求较高的中高频、音频电路可选用涤纶电容或聚苯乙烯电容；高频电路一般选用高频瓷介或云母电容；电源滤波、退耦、旁路电路可选用铝电解或钽电解电容。

2. 电容器的质量判别

（1）指针式万用表测量　指针式万用表用于对电容器的漏电情况进行检测。容量在 $1 \sim 100μF$ 内的电容用 $R \times 1k$ 档检测。容量大于 $100μF$ 的电容用 $R \times 10$ 档检测，具体方法如下：将万用表两表笔分别接在电容的两端，指针应先向右摆动，然后回到 "∞" 位置附近。表笔对调重复上述过程，若指针距 "∞" 处很近或指在 "∞" 位置上，说明漏电电阻大，电容性能好；若指针距 "∞" 处较远，说明漏电电阻小，电容性能差；若指针在 "0" 处始终不动，说明电容内部短路。对于 5000pF 以下的小容量电容器，由于容量小、充电时间快、充电电流小，用万用表的高阻值档也看不出指针摆动，可借助电容表直接测量其容量。

（2）数字式万用表测量　使用数字式万用表测量电容时，将其置于电容档，根据电容量的大小选择适当档位，待测电容充分放电后，将待测电容直接插到测试孔内或用两表笔分别直接接触待测电容进行测量。数字式万用表的显示屏上将直接显示出待测电容的容量。如果显示的数值等于或十分接近标称容量，则说明该电容正常；如果待测电容显示的数值与标称容量相差过大，则查看其标称容量是否在万用表的测试范围之内，如果超出万用表的测量范围，可更换有适当量程的万用后再进行测量，更换万用表再测量若还是相差过大，则说明待测电容已变质，不能再使用；如果待测电容显示的数值远小于标称容量，则说明待测电容已损坏。

四、片状电容器

片状电容器大约有80%是多层片状瓷介电容器，其次是铝电解电容器和钽电解电容器，有机薄膜和云母电容很少。

（一）多层陶瓷电容器

表面安装多层陶瓷电容器是在单层盘状电容器的基础上构成的，电极深入电容器内部，并与陶瓷介质相互交错。多层陶瓷电容器简称MLC，通常是无引脚矩形结构，其外形标准与片状电阻大致相同，仍然采用长×宽表示。

MLC所用介质有COG、X7R、Z5V等多种类型，它们有不同的容量范围及温度稳定性，以COG为介质的电容温度特性较好。

MLC外层电极与片状电阻相同，也是三层结构，即Ag-Ni/Cd-Sn/Pb，其外形和结构如图1-12所示。

图1-12　多层陶瓷电容外形和结构

（二）电解电容

常见的表面安装电解电容器有铝电解电容器和钽电解电容器两种。

1. 铝电解电容器

铝电解电容器的容量和额定工作电压的范围比较大，因此做成贴片形式比较困难，一般是异形。该电容器主要应用于各种消费类电子产品中，价格低廉。按照外形和封装材料的不同，铝电解电容器可分为矩形（树脂封装）和圆柱形（金属封装）两类，以圆柱形为主。

铝电解电容器的电容值及耐压值在其外壳上均有标注，外壳上的深色标记代表负极，如图1-13所示。

图1-13　铝电解电容外形及标注

2. 钽电解电容器

固体钽电解电容器的性能优异，是所有电容器中体积较小而又能达到较大电容量的产品。因此容易制成适于表面贴装的小型和片式元件。

目前生产的钽电解电容器主要有烧结型固体、箔形卷绕固体、烧结型液体等三种，其中烧结型固体约占目前生产总量的95%以上，并以非金属密封型的树脂封装式为主体。钽电解电容器的电容值及耐压值在其外壳上均有标注，外壳上的颜色标记代表正极，如图1-14所示。

图1-14　钽电容外形及标注

第三节 电 感 器

电感器是利用电磁感应原理制成的元件，它通常分为两类：一类是利用自感作用的电感线圈；另一类是利用互感作用的变压器。电感器的利用范围很广，它在调谐、振荡、匹配、耦合、滤波、陷波、偏转聚焦等电路中都是必不可少的。根据其用途、工作频率、功率、工作环境的不同，对电感器的基本参数和结构的要求也不同，致使电感器类型和结构的多样化。常用电感器的外形及电路符号如图 1-15 和图 1-16 所示。

图 1-15 常用电感器外形

图 1-16 常用电感器的电路符号

一、电感器的基本参数

1. 电感量(L)

电感量的定义为

$$L = \frac{\Phi}{I}$$

式中，L 是电感量；Φ 是载流线圈的磁通量；I 是线圈中的电流。

电感量的基本单位是亨利(H)，常用单位有毫亨(mH)和微亨(μH)。

2. 品质因数(Q 值)

电感线圈的品质因数定义为

$$Q = \frac{\omega L}{r}$$

式中，Q 为品质因数，ω 是工作角频率；L 是线圈的电感量；r 是线圈的损耗电阻。

二、几种常用的电感器

（一）小型固定电感器

这种电感器是在棒形、工形或王字形的磁心上绕制漆包线制成的，它体积小、重量轻、安装方便，用于滤波、陷波及退耦电路中。其结构有卧式和立式两种。

（二）电源变压器

图 1-17 所示是一些小型电源变压器的外形图，它由带铁心的绕组、绕组骨架、绝缘物等组成。

图 1-17　小型电源变压器的外形图

（1）铁心　变压器的铁心有 E 形、口形和 C 形等，如图 1-18 所示。E 形铁心使用较多，用这种铁心制成的变压器，铁心对绕组形成保护外壳。口形铁心用在大功率的变压器中。C 形铁心采用新型材料，具有体积小、重量轻、质量好等优点，但制作要求高。

（2）绕组　绕组是用不同规格的漆包线绕制而成。绕组由一个一次绕组和多个二次绕组组成，并在一、二次绕组之间加有静电屏蔽层。

a) E 形　　b) 口形　　c) C 形

图 1-18　常用变压器铁心

（3）特性　变压器的一、二次绕组的匝数与电压有以下关系：

$$n = \frac{N_1}{N_2} = \frac{U_1}{U_2}$$

式中，U_1 和 N_1 分别代表一次绕组的电压和匝数；U_2 和 N_2 分别代表二次绕组的电压和匝数；n 称为电压比。$n < 1$ 的变压器为升压变压器，$n > 1$ 的变压器为降压变压器，$n = 1$ 的变压器为隔离变压器。

（三）中频变压器

中频变压器是超外差式无线电接收设备中的主要元器件之一，它广泛应用于调幅收音机、调频收音机、电视机等电子产品中。调幅收音机中的中频变压器谐振于 465kHz；调频收音机的中频变压器谐振于 10.7MHz；电视机中图像中频变压器谐振于 38MHz，伴音中频变压器谐振于 31.5MHz。其主要功能是选频及阻抗匹配。

三、电感器的测量

电感器的电感量一般可通过高频 Q 表或电感表进行测量，若不具备以上两种仪表，可通过万用表测量线圈的直流电阻来判断其好坏。一般线圈的直流电阻很小，在零点几欧至几欧之间，电源变压器的一次绕组可达几十欧。当测得线圈电阻无穷大时，则说明线圈内部或引线已断。

四、片状电感器

由于电感器受线圈制约，片式化比较困难，故其片式化晚于电阻器和电容器，其片式化率也低。尽管如此，电感器的片式化仍取得了很大的进展。不仅种类繁多，而且相当多的产品已经系列化、标准化，并已批量生产。目前用量较大的主要有绕线型和多层型。

1. 绕线型电感器

绕线型电感器实际上是把传统的卧式绕线电感器稍加改进而成的。制造时将导线（线圈）缠绕在磁芯上。低电感时用陶瓷作磁芯，大电感时用铁氧体作磁芯，绕组可以垂直也可水平。一般垂直绕组的尺寸最小，水平绕组的电性能要稍好一些，绕线后需加上端电极。端电极也称外部端子，它取代了传统的插装式电感器的引线，以便表面组装，绕线型电感的外形如图 1-19 所示。

2. 多层型电感器

多层型电感器也称多层型片式电感器（简称 MLCI），它的结构和多层型陶瓷电容器相似，制造时由铁氧体浆料和导电浆料交替印刷叠层后，经高温烧结形成具有闭合磁路的整体。导电浆料经烧结后形成的螺旋式导电带，相当于传统电感器的线圈，被导电带包围的铁氧体相当于磁芯，导电带外围的铁氧体使磁路闭合。多层型电感的外形如图 1-20 所示。

图 1-19　绕线型电感

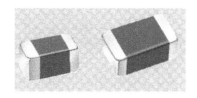

图 1-20　多层型电感

第四节　半导体器件

一、二极管

（一）种类及特性

二极管是一种具有单向导电性的半导体器件。它是由一个 PN 结加上相应的电极引线和密封壳构成的，广泛应用于电子产品中，有整流、检波、稳压等作用。

二极管的种类很多，形状各异。按用途分，有整流、检波、稳压、发光、开关、光敏二极管；按材料分，有锗二极管、硅二极管和砷化镓二极管；按结构分，有点接触和面接触二极管。此外还有变容二极管、肖特基二极管、双向触发二极管、精密二极管等。常见二极管的外形及电路符号如图 1-21 和图 1-22 所示。

国产二极管的型号由五部分组成，其意义如下：

第一部分用数字 2 表示二极管。

图 1-21　常见二极管的外形

a) 二极管一般符号　b) 稳压二极管　c) 发光二极管　d) 变容二极管　e) 光敏二极管

图 1-22　常见二极管的电路符号

第二部分是材料和极性，用字母表示，见表1-4。

第三部分是类型，用字母表示，见表1-5。

表 1-4　二极管材料和极性部分字母含义

字　母	A	B	C	D
含　义	N 型 锗材料	P 型 锗材料	N 型 硅材料	P 型 硅材料

表 1-5　二极管类型部分字母含义

字　母	含　义	字　母	含　义	字　母	含　义
P	普通管	L	整流堆	U	光敏管
W	稳压管	S	隧道管	K	开关管
Z	整流管	N	阻尼管	V	微波管

第四部分是序号，用数字表示。

第五部分是规格，用字母表示。

例如：2AP9 表示锗材料，N 型普通二极管，产品序号为 9；2CK71B 表示硅材料，N 型开关二极管，产品序号为 71，规格是 B。

（二）主要参数

1. 最大整流电流 I_F

I_F 是二极管长期连续工作时允许通过的最大正向平均电流，使用时应注意通过二极管的平均电流不能大于这个值，否则将导致二极管的损坏。

2. 最大反向电压 U_{RM}

U_{RM} 指允许加在二极管上的反向电压最大值。二极管反向电压的峰值不能超过 U_{RM}，否则反向电流增大，特性变坏。通常 U_{RM} 为反向击穿电压的 $1/3 \sim 1/2$。

二极管还有反向饱和电流、结电容、反向恢复时间等参数。对于普通整流电路一般不需要考虑这些参数，对于开关二极管，因工作于脉冲电路，需特别注意选用反向恢复时间短的二极管。若工作电流大还需注意管子的额定功率。

（三）极性识别与检测方法

1. 外观识别

一般情况下二极管外壳上印有标志的一端为二极管的负极，另一端为正极。例如，1N4001 二极管管体为黑色，在管体的一端印有一个白圈，此端引脚即为负极。对于发光二极管，长引脚为正极，短引脚为负极。

2. 万用表检测

用万用表的 $R \times 100$ 和 $R \times 1k$ 档检测。检测方法：将指针式万用表的两表笔分别接触二极管两端，读出阻值；将两表笔交换后再次测量，读出阻值。对于性能好的二极管来讲，两次阻值相差很大，阻值小的一次黑表笔（负极表笔）所接为二极管的正极，红表笔（正极表笔）接的一端为负极。阻值小的常称为正向电阻，阻值大的常称为反向电阻。用指针式万用表测量二极管的正、反向电阻，实际上指针反映的是二极管的正、反向导通压降，二者完全不同。二极管的正、反向阻值是典型的非线性电阻。通常硅二极管的正向电阻为数百至数千欧，反向电阻在 $1M\Omega$ 以上。锗二极管的正向电阻为几百欧到 $2k\Omega$，反向电阻为几百千欧（视表内电池电压而定）。若实测过程中两次阻值全为零，说明管子已击穿；若两次阻值均为无穷大，说明管子已断路；若两次阻值相差不大，说明管子性能不良。

若采用数字万用表进行检测，可以直接使用数字万用表的二极管档。对于硅二极管，当红表笔接在管子的正极，黑表笔接在负极时，万用表显示数字 $500 \sim 700$ 均为正常；交换表笔再次测量，此时应无数字显示。对于锗二极管，当红表笔接在管子正极，黑表笔接在负极时，显示数字小于 300。若两次测量均无显示说明二极管断路；若两次测量均为零，说明二极管击穿。

如果用万用表不能判断出其性能，可用 JT—1 型晶体管特性图示仪模拟二极管的工作环境进行测量。

（四）常用二极管的特点

1. 整流二极管

整流二极管属于硅材料、面接触型二极管，其特点是工作频率低、允许通过的正向电流大、反向击穿电压高。国产的整流二极管型号有 2CZ、2DZ 系列。进口的整流二极管有 1N4004、1N4007、1N5401 等型号。

整流二极管不仅有硅管和锗管之分，而且还有低频和高频、大功率和中（小）功率之分。硅管具有良好的温度特性及耐压性能，故使用较多。高频整流管亦称快速恢复二极管，主要用在频率较高的电路中，例如，计算机主机箱中的开关电源、电视机中的开关电源均采用大功率快速恢复二极管。

2. 检波二极管

检波实际上是对高频小信号整流的过程，它可以把调幅信号中的调制信号取出来。检波二极管属于锗材料、点接触型二极管，其特点是工作频率高，正向压降小。国产检波二极管的型号主要是 2AP 系列，进口检波二极管有 1N60 等型号。检波二极管应用于收音机及一些通信设备中。

3. 稳压二极管

稳压二极管又称齐纳二极管，是一种用于稳压、工作于反向击穿状态的特殊二极管。稳压二极管是以特殊工艺制造的面接触型二极管，它是利用 PN 结反向击穿后，在一定反向电流范围内，反向电压几乎不变的特点来进行稳压的。国产稳压二极管主要有 2CW 和 2DW 系列，进口稳压二极管有 1N752、1N962 等型号。其稳压值可查阅相关手册或通过 JT-1 型晶体管特性图示仪测量。

4. 变容二极管

变容二极管是指它的结电容随其两端的反向偏压的变化而变化的一种二极管，而且反向偏压越大，电容量越小，当偏压趋近于零时，电容量最大。国产变容二极管主要有 2CC 系列。变容二极管广泛应用于电调谐器中，例如，具有自动搜索电台功能的收音机均采用变容二极管。

二、晶体管

（一）种类及特性

晶体管是由两个背靠背排列的 PN 结加上相应的引出电极引线和密封壳组成的。晶体管具有电流放大作用，可组成放大、振荡及各种功能的电子电路。

晶体管的种类很多，按半导体材料和导电极性分为 NPN 硅管、PNP 硅管、NPN 锗管、PNP 锗管；按结构分为点接触型和面接触型；按功率分为小功率、中功率和大功率晶体管；按功能和用途分为放大管、开关管、达林顿管；按频率可分为低频管、高频管和超高频管等。常见晶体管的外形及电路符号如图 1-23 和图 1-24 所示。

图 1-23   常见晶体管的外形

（二）国产晶体管的命名方法

国产晶体管的型号由五部分组成，其意义如下：

第一部分用数字 3 表示晶体管；

第二部分是材料和极性，用字母表示，见表

a) NPN 型晶体管 b) PNP 型晶体管   c) 光敏晶体管

图 1-24   常见晶体管的电路符号

1-6。

第三部分是类型，用字母表示，见表1-7。

表1-6 晶体管型号材料和极性部分字母含义

字母	A	B	C	D
含义	PNP 型锗材料	NPN 型锗材料	PNP 型硅材料	NPN 型硅材料

表1-7 晶体管型号类型部分字母含义

字母	含 义	字母	含 义
X	低频小功率管 $f_a < 3MHz$，$P_c < 1W$	D	低频大功率管 $f_a < 3MHz$，$P_c \geq 1W$
G	高频小功率管 $f_a \geq 3MHz$，$P_c < 1W$	A	高频大功率管 $f_a \geq 3MHz$，$P_c \geq 1W$

第四部分是序号，用数字表示。

第五部分是规格，用字母表示。

例如：3DG201A 表示 NPN 型高频小功率硅管，产品序号为201，规格为 A。

（三）主要参数

晶体管在使用或替换时应考虑以下参数。

1. 电流放大系数 β 和 h_{FE}

β 是晶体管的交流电流放大系数，表示晶体管对交流信号的电流放大能力。h_{FE} 是晶体管的直流电流放大系数。在晶体管外壳上常用不同颜色的色点表示 h_{FE} 值的范围，国产小功率晶体管常见色点颜色与 h_{FE} 对应关系见表1-8。

表1-8 国产小功率晶体管常见色点颜色与 h_{FE} 对应关系

色点	棕	红	橙	黄	绿	蓝	紫	灰	白	黑
h_{FE}	5~15	15~25	25~40	40~55	55~80	80~120	120~180	180~270	270~400	400~600

2. 集电极最大电流 I_{CM}

当集电极电流 I_C 的值较大时，若再增加 I_C，β 值就要下降，I_{CM} 就是 β 值下降到额定值的 2/3 时，所允许通过的最大集电极电流。

3. 集电极最大功耗 P_{CM}

这个参数决定了管子的温升。硅管的最高使用温度约为150℃，锗管约为70℃，超过最高使用温度，即超过了晶体管的最大功耗，管子的性能就要变坏，甚至烧毁。

4. 特征频率 f_T

晶体管工作频率超过一定值时，β 值开始下降，当 $\beta=1$ 时，所对应的频率称为特征频率。

（四）电极识别

晶体管的引脚排列多种多样，要想正确使用晶体管，首先必须识别出它的三个电极。对于有些晶体管可通过其外观直接判断出它的三个电极，而大部分晶体管只能通过万用表或相应的仪器才能找出它的三个电极。

1. 外观判别法

有些金属壳封装的晶体管可通过其外观直接判断它的三个电极。如图 1-25 所示，对于图 1-25a，观察者面对管底，由定位标志起按顺时针方向，引脚依次为发射极 E、基极 B、集电极 C。对于图 1-25b，观察者面对管底，由定位标志起按顺时针方向，引脚依次为发射极 E、基极 B、集电极 C、接地线 D。对于图 1-25c，观察者面对管底，令引脚处于半圆的上方，按顺时针方向引脚依次为发射极 E、基极 B、集电极 C。对于图 1-25d，观察者面对管底，令两引脚位于左侧，上边的引脚为发射极 E、下边的引脚为基极 B、外壳为集电极 C。对于图 1-25e，观察者面对切角面，引出线向下，由左向右依次为发射极 E、基极 B 和集电极 C。对于图 1-25f，观察者面对管子正面，散热片为管子背面，引出线向下，由左向右依次为发射极 E、基极 B 和集电极 C。

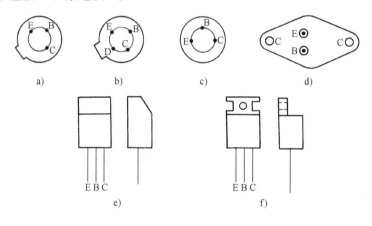

图 1-25　晶体管引脚识别

2. 应用万用表判别晶体管的三个电极

（1）基极的判别　将万用表置于 $R \times 1k$ 档，用黑表笔接某一引脚，并假定此引脚为基极，用红表笔分别接触另两个引脚。若两次阻值都很小（约几千欧），则黑表笔所接为基极，假定正确，且说明此管为 NPN 管；若两次阻值都很大（约几百千欧至无穷大），再用红表笔接在这个假定的基极，黑表笔分别接触另两个引脚，且两个阻值都很小（约几千欧），则此时红表笔所接为基极，此管为 PNP 管。若不符合上述情况，再进行假定，直到出现上述情况为止。若三个引脚均被假定，仍不出现上述情况，则说明此晶体管损坏。

（2）集电极 C 和发射极 E 的判别（以 NPN 管为例）　先假定一引脚为集电极并与黑表笔相接，红表笔接另一个引脚，用潮湿的手指捏在基极和集电极之间，观察指针摆动幅度，表笔交换后重复上述过程。指针摆动幅度大的一次，黑表笔所接为集电极，红表笔所接为发射极。

对于数字万用表可先用二极管档找出基极 B，并确定管子的极性（NPN 或 PNP），然后用 h_{FE} 档直接测量，h_{FE} 值大的一次，集电极和发射极所接位置正确。

三、场效应晶体管

场效应晶体管也是一种具有 PN 结的半导体器件，它利用电场的效应来控制电流。场效应晶体管有三个电极，它们分别是栅极 G、源极 S 和漏极 D。它具有输入阻抗高、噪声低、动态范围大等特点，因此广泛应用于数字电路、通信设备和仪器仪表等方面。场效应集成电路还具有功耗小、成本低和容易做成大规模集成电路等优点。根据导电沟道形成原理及对其控制方式的不同，场效应晶体管可分为结型和绝缘栅型两大类。

（一）结型场效应晶体管

结型场效应晶体管有 N 沟道和 P 沟道两种，其电路符号如图1-26所示。它从某种意义上讲，就是一个由电压控制的可变电阻，当栅极和源极之间 PN 结的反偏电压 U_{GS} 变化时，漏极和源极之间的电阻 R 随之变化，当 $U_{GS}=0$ 时，导电沟道变宽，R 变小。随着 $|U_{GS}|$ 的增加，导电沟道变窄，R 变大。当加大栅极和源极之间的反偏电压时，结型场效应晶体管直流输入 R_{GS} 会随之变得很大，一般在 10MΩ 以上。

（二）绝缘栅型场效应晶体管

结型场效应晶体管的 R_{GS} 一般可达100MΩ，这个电阻从本质上说是 PN 结反向电阻。由于反向饱和电流的存在就限制了它的进一步提高，而且在高温下，反向饱和电流剧增，R_{GS} 还会显著下降，此外在大规模集成电路中，结型场效应晶体管的制造较为困难。

a) P沟道　　　b) N沟道

图 1-26　结型场效应
晶体管电路符号

1962 年出现的绝缘栅型场效应晶体管是将栅极与沟道间用绝缘层隔开，可以有效地提高 R_{GS}（最高可达 10^9MΩ）及其温度特性。绝缘栅型场效应晶体管是由金属、氧化物和半导体组成，因而又称为金属-氧化物-半导体场效应晶体管或简称 MOS 管。MOS 管又分为增强型和耗尽型两种，每种又有 N 沟道和 P 沟道两种，其电路符号如图1-27所示。

a) N沟道增强型　　b) P沟道增强型　　c) N沟道耗尽型　　d) P沟道耗尽型

图 1-27　场效应晶体管电路符号

增强型与耗尽型的区别在于：增强型管需加一定的 U_{GS} 才会产生漏极电流 I_D；耗尽型管是当 U_{GS} 为零时就有较大的 I_D。

（三）场效应晶体管和晶体管性能的比较

1）场效应晶体管只靠多数载流子导电，又称为单极型三极管。晶体管是多数载流子与少数载流子均参与导电，又称为双极型三极管，因而场效应晶体管的噪声比晶体管小得多。

2）晶体管输入端 PN 结为正偏，而场效应晶体管输入端 PN 结为反偏，因而输入电阻远大于晶体管。由于栅极电流几乎为零，故场效应晶体管属于电压控制器件，而晶体管属于电流控制器件。

3）场效应晶体管在低电压、小电流的条件下工作时，可作为电压控制的可变电阻器，而且它的制造工艺便于集成化，因而得到广泛应用。有些场效应晶体管的源极和漏极可以互换，栅极电压可正可负，灵活性比晶体管更强。

（四）场效应晶体管使用常识

为保证场效应晶体管安全可靠地工作，除不要超过器件的极限参数外，对于绝缘栅型场效应晶体管要特别注意因感应电压而造成绝缘层击穿的问题，为此在保存时应将各电极引线短接。焊接时应将电烙铁外壳接地，测试时仪表应良好接地，测量之前，操作人员的双手应先接触大地（如摸水管），释放人体的静电电荷。

四、片状分立器件

片状分立器件有片状二极管、晶体管和场效应晶体管。

1. 片状二极管

片状二极管有无引线柱形玻璃封装和片状塑料封装两种。无引线柱形玻璃封装二极管是将管芯封装在细玻璃管内，两端以金属帽为电极，如图1-28所示。常见的有稳压、开关和通用二极管，功耗一般为0.5～1W。外形尺寸有ϕ1.5mm×3.5mm和ϕ2.7mm×5.2mm两种。

图1-28　无引线柱形二极管外形及尺寸

塑料封装二极管一般做成矩形片状，额定电流150mA～1A，耐压50～400V，外形尺寸为3.8mm×1.5mm×1.1mm。图1-29所示为矩形片状二极管的外形。

2. 片状晶体管

晶体管采用带有翼形短引线的塑料封装，即SOT封装。可分为SOT-23、SOT-89、SOT-143、SOT-252几种尺寸结构，其外形如图1-30所示。产品有小功率管、大功率管、场效应晶体管和高频管几个系列，其中SOT-23是通用的表面安装晶体管，SOT-23有3条翼形引脚。

图1-29　矩形片状
二极管外形

SOT-89适用于较高功率的场合，它的E、B、C三个电极是从管子的同一侧引出，管子底面有金属散热片与集电极相连，晶体管芯片粘接在较大的铜片上，以利于散热。

SOT-143有4条翼形短引脚，对称分布在长边的两侧，引脚中

a) SOT-23　　b) SOT-89　　c) SOT-143　　d) SOT-252

图1-30　SOT晶体管

宽度偏大一点的是集电极，这类封装常见双栅场效应晶体管及高频晶体管。

SOT-252封装的功耗可达2～50W，两条连在一起的引脚或与散热片连接的引脚是集电极。

片状分立器件封装类型及产品，到目前为止已有3000多种，各厂商产品的电极引出方式略有差别，在选用时必须查阅手册资料。但产品的极性排列和引脚距基本相同，具有互换性。电极引脚数目较少的片状分立器件一般采用盘状纸编带包装。

五、集成电路

集成电路(IC)是利用半导体工艺和薄膜工艺将一些晶体管、电阻、电容、电感以及连

线等制作在同一硅片上，成为具有特定功能的电路，并封装在特定的管壳中。集成电路与分立元器件相比具有体积小、重量轻、成本低、耗电少、可靠性高和电气性能优良等突出优点。

（一）集成电路的分类

集成电路按其结构和工艺方法的不同，可分为半导体集成电路、薄膜集成电路、厚膜集成电路和混合集成电路。半导体集成电路采用半导体工艺技术，在硅片上制作电阻、电容、二极管和晶体管等元器件；薄膜、厚膜集成电路是在玻璃或陶瓷等绝缘基体上制作元器件，其中薄膜集成电路膜厚在 $1\mu m$ 以下，而厚膜集成电路膜厚为 $1\sim10\mu m$；混合集成电路是采用半导体集成工艺和薄、厚膜工艺结合制成的。

集成电路按功能不同，可分为模拟集成电路和数字集成电路。模拟集成电路分为线性和非线性两种。其中线性集成电路包括直流运算放大器、音频放大器等。非线性集成电路包括模拟乘法器、比较器、A-D(D-A)转换器。数字集成电路包括触发器、存储器、微处理器和可编程序器件。其中存储器包括随机存储器(RAM)和只读存储器(ROM)；可编程序器件包括 EPROM(可编程序只读存储器)、E^2PROM(电可擦写可编程序只读存储器)、PLD(可编程序逻辑器件)、EPLD(可擦写的可编程序逻辑器件)、FPGA(现场可编程序门阵列)。可编程序器件可用编程的方法实现系统所需的逻辑功能，既可缩短产品的设计周期，又可使数字系统的设计具有很大的快捷性和灵活性，是集成电路发展的一种趋势。

集成电路按集成度不同，可分为小规模(SSI)、中规模(MSI)、大规模(LSI)和超大规模(VLSI)集成电路。

集成电路按导电类型不同，可分为双极型和单极型集成电路。双极型集成电路工作速度快，但功耗较大，而且制造工艺复杂，如 TTL(晶体管-晶体管逻辑)集成电路和 ECL(高速逻辑)集成电路。单极型集成电路工艺简单、功耗小，但工作速度慢，如 CMOS、PMOS 和NMOS 集成电路。

（二）集成电路的型号与命名

近年来，集成电路的发展十分迅速，其型号大体上包含这些内容：公司代号、电路系列或种类代号、电路序号、封装形式代号、温度范围代号等。这些内容均用字母或数字表示。一般情况下，世界上很多集成电路制造公司将自己公司名称的缩写字母放在开头，表示该公司的集成电路。例如，日本松下公司用 AN 开头(如 AN5521)；三菱公司用字母 M 开头(如M50436)。常见的国外大公司集成电路型号前缀见表1-9。

表1-9 常见的国外大公司集成电路型号前缀

产品型号前缀	生产厂家	产品举例	产品型号前缀	生产厂家	产品举例
AD	美国模拟器件公司	AD7118	LM	美国国家半导体公司	LM324
AN	日本松下电器公司	AN5179	MC	美国摩托罗拉半导体公司	MC13007
CXA	日本索尼公司	CXA1191M	TA	日本东芝公司	TA7698
HA	日本日立公司	HA1361	TB		TB1238
KA	韩国三星公司	KA2101	TDA	荷兰飞利浦公司	TDA8361
LA	日本三洋公司	LA7830	μPC	日本电器公司	μPC 1366

在国内，半导体集成电路由于生产设备条件落后，工艺水平低，整体质量与国外有一定

差距。但通过技术设备引进，在微电子产品发展上已取得了一些进步。国家标准规定，国产集成电路型号命名由四部分组成，见表1-10。

表1-10　国产集成电路型号命名的四部分

第 一 部 分		第 二 部 分	第 三 部 分	第 四 部 分	
用汉语拼音字母表示该电路类型		用三位数字表示电路的系列和品种号	用汉语拼音字母表示电路的规格	用汉语拼音字母表示电路的封装	
符号	意　义			符号	意　义
T	TTL			A	陶瓷扁平
H	HTL			B	塑料扁平
E	ECL			C	陶瓷双列
I	IIL			D	塑料双列
P	PMOS			Y	金属圆壳
N	NMOS			F	F 型
C	CMOS				
F	线性放大器				
W	集成稳压器				
J	接口电路				

目前，国产集成电路部分按照国标命名，多数集成电路命名已向国际靠拢。国产集成电路4000系列、74系列、54系列和74LS、74LH系列等为主。

（三）集成电路的封装与引脚识别

1. 封装

集成电路的封装可分为：圆形金属外壳封装、扁平形陶瓷或塑料外壳封装、双列直插型陶瓷或塑料封装、单列直插式封装等，如图1-31所示。其中单列直插、双列直插较常见。陶瓷封装散热性能差、体积小、成本低。金属封装散热性能好，可靠性高，但安装使用不够方便，成本高。塑料封装的最大特点是工艺简单、成本低，因而被广泛使用。

a) 双列直插封装　　　b) 单列直插封装

c) TO—5型封装　d) F型封装　e) 陶瓷扁平封装

图1-31　集成电路的封装形式

2. 引脚识别

集成电路引脚排列顺序的标志一般有色点、凹槽、管键及封装时压出的圆形标志。对于双列直插集成电路，引脚的识别方法是：将集成电路水平放置，引脚向下，标志朝左边，左下方第一个引脚为①脚，然后按逆时针方向数，依次为②、③、……，如图1-32所示。

对于单列直插集成电路引脚识别也是将引脚向下，标志朝左边，从左下方第一个引脚到右下方最后一个引脚依次为①、②、③、……。

（四）使用注意事项

集成电路是一种结构复杂、功能多、体积小、价格贵、安装与拆卸麻烦的电子器件。在选购、检测和使用中应十分小心，以免造成不必要的损失。使用时应注意以下几点：

图1-32　双列直插集成电路引脚顺序识别图

1）集成电路在使用时不允许超过极限参数。

2）集成电路内部包含几千甚至上万个 PN 结，因此，它对工作温度很敏感，其各项指标都是在 27℃下测出的。环境温度过高或过低，都不利于其正常工作。

3）在手工焊接集成电路时，不得使用功率大于 45W 的电烙铁，连续焊接时间不能超过 10s。

4）MOS 集成电路要防止静电感应击穿。焊接时要保证电烙铁外壳可靠接地，若无接地线可将电烙铁电源拔下，利用余热焊接。必要时焊接者还应带上防静电手环，穿防静电服装和防静电鞋。在存放 MOS 集成电路时，必须将其收藏在金属盒内或用金属箔包起来，防止外界电场将其击穿。

六、片状集成电路

片状集成电路与传统集成电路相比具有引脚间距小、集成度高的优点，广泛用于家电及通信产品中。

片状集成电路的封装有两种形式：小型封装和矩形封装。小型封装包括 SOP 和 SOJ 封装，如图 1-33 所示。SOP 封装电路的引脚为 L 形，其特点是引线容易焊接，生产过程中检测方便，但占用印制电路板面积大。SOJ 封装电路的引脚为 J 形，其特点是占用印制电路板面积小，因此应用较为广泛。以上两种封装电路的引脚间距大多为 1.27mm、1.0mm 和 0.76mm。

a) SOP 封装 b) SOJ 封装

图 1-33 SOP 和 SOJ 封装结构

矩形封装包括 QFP 封装和 PLCC 封装两种。QFP 封装采用四边出脚的 L 形引脚，如 1-34 所示，引脚间距有 0.254mm、0.3mm、0.4mm、0.5mm 四种。PLCC 封装采用四边出脚的 J 形引脚，如图 1-35 所示，它与 SOP、QFP 相比更节省印制电路板的面积，但这种电路焊接到印制电路板上后检测焊点较为困难，维修拆焊更为困难。

除以上两种封装外，还有 COB 封装、BGA 封装。COB 封装就是通常称的软封装、黑胶封装，如图 1-36 所示。它是将 IC 芯片直接粘在印制电路板上，用引脚来实现与印制板的连接，最后用黑胶包封。这类电路成本低，主要用于电子表、游戏机、计算机等电子产品中。

图 1-34 QFP 封装

图 1-35 PLCC 封装

BGA 封装是将 QFP 或 PLCC 封装的 L 形或 J 形引脚改变为球形引脚，而且球形引脚置于电路底面，不再从四边引出，如图 1-37 所示。它的引脚间距有三种：1.0mm、1.27mm 和 1.5mm。

图 1-36 COB 封装

图 1-37 BGA 封装

第五节 电声器件、光电器件和压电器件

一、电声器件

电声器件是指能将电能转换为声能或将声能转换为电能的换能器件。家用电器中常用的电声器件有扬声器、传声器、耳机、拾音器等。

（一）扬声器

扬声器又称喇叭，是一种能将电能转换为声能的器件。根据能量转换的方式，可分为电动式、电磁式、气动式和压电式等；按磁场供给的方式，可分为永磁式和激磁式；按工作频段，可分为高音扬声器、中音扬声器、低音扬声器和全频带扬声器；按外形可分为圆形扬声器、椭圆形扬声器。常见扬声器的外形及电路符号如图 1-38 和图 1-39 所示。

1. 两种常见扬声器

（1）电动式扬声器 电动式扬声器的结构如图 1-40 所示。它由磁路系统和振动系统两部分组成。磁路系统由环形磁铁、软铁心柱和导磁板组成，振动系统由纸盆、音圈、音圈支架和纸盆铁架组成；当音圈中流入音频电流时，音圈就会产生随音频变化的磁场，这一变化磁场与永久磁铁产生的磁场发生相吸或相斥，导致音圈产生机械振动，并带动纸盆振动，从而发出声音。

电动式扬声器根据磁路的结构不同又可分为外磁式和内磁式两种。外磁式扬声器使用铁

图 1-38　常见扬声器的外形

图 1-39　常见扬声
器的电路符号

图 1-40　电动式扬声器的结构
1—纸盆铁架　2—导磁板　3—环形磁铁　4—软铁心柱
5—导磁板　6—音圈　7—音圈支架　8—纸盆

氧体磁体，它的体积大，一般用于收音机和扩音机中；内磁式扬声器使用合金磁体，其体积小、重量轻，一般用于电视机中。电动式扬声器的最大特点是频响特性好、音质柔和、低音丰富。

（2）压电式扬声器　压电式扬声器是利用压电陶瓷材料在施加压力时能产生电压，反之施加电压时，又会产生机械形变的原理制成的。其工作原理是当音频电压加在压电陶瓷片上时，压电陶瓷片产生机械形变，带动振动膜振动，使声音通过空气传出来。压电式扬声器由压电陶瓷片、纸盆和耦合元件组成。压电陶瓷片的功能是将电能转变为机械能；纸盆是把机械振动变为声音向空气中传播；耦合元件连接上述两部分，并将压电陶瓷片的振动传给纸盆，完成电能与机械能的转换。压电式扬声器的阻抗一般为 $1\sim2k\Omega$，工作频率是 $300\sim5000Hz$。压电陶瓷片呈电容性质，电容量为 $0.005\sim0.02\mu F$。它的最大特点是高频特性好、低频特性差，广泛应用于门铃和报警器。

2. 扬声器主要参数

（1）扬声器的尺寸　扬声器的尺寸是扬声器的正面最大直径。我国的扬声器标称尺寸是以毫米为单位，但通常人们也用英寸标注扬声器的尺寸。扬声器的尺寸与它可承受的功率和低频特性有关。一般来说，扬声器的尺寸越大，可承受的功率也越大，相应的低频特性越好。可根据不同的用途选用不同尺寸的扬声器。

（2）额定功率　额定功率是扬声器能长时间正常工作所允许输入的功率。扬声器在额定功率下工作是安全的，失真也不会超过规定值。一般输入扬声器的功率相当于其额定功率的1/2~2/3较为合适。

（3）额定阻抗　扬声器的额定阻抗是在给定频率下的输入端的阻抗。扬声器的阻抗值一般有4Ω、8Ω、16Ω等几种。当不知道扬声器阻抗值时，可以用万用表测量其直流电阻，再乘以1.1~1.3的系数来估计。

3. 扬声器的测量

在实际使用或维修中，有时要对扬声器的质量进行判别，其方法是用万用表$R \times 1$档检测。将红（或黑）表笔与扬声器的一个引出端相接，另一个表笔断续碰触扬声器另一端，应听到"喀、喀"声，若声音清晰响亮，表明扬声器质量较好；反之若声音干涩沙哑，则说明质量较差；若没有任何声响且表头指针指在无穷大处，说明扬声器已损坏，应维修或更换。

4. 扬声器的选用

选用扬声器时，应根据使用目的、场合、音响范围及音频放大器的配合等多种因素来具体选用扬声器的口径尺寸、功率、阻抗及失真等技术指标，并应注意以下两个问题。

（1）额定功率要合适　扬声器的额定功率一般均标在标牌上，可根据标牌来选择功率放大器。若功率放大器的功率大，使用中会导致扬声器损坏；若功率放大器的功率小，又会使扬声器的性能得不到充分发挥。

（2）阻抗要匹配　阻抗匹配是指功率放大器的输出阻抗要等于扬声器的阻抗。早先的收音机是利用音频变压器实现阻抗匹配的，其目的是使功率放大器的输出功率达到最大、效率达到最高。

（二）传声器

传声器又称话筒，是一种能将声能转换成电能的器件。传声器按原理可分为动圈式、铝带式、电容式、驻极体式等多种；按输出阻抗可分为低阻型和高阻型。常见传声器外形及电路符号如图1-41和图1-42所示。

图1-41　常见传声器的外形

1. 两种常见传声器

（1）动圈式传声器　动圈式传声器也称电动式传声器，其结构如图1-43所示。它由永久

a) 一般符号　　b) 电容式　　c) 晶体式

图1-42　常见传声器的电路符号

图1-43　动圈式传声器的结构
1—输出变压器　2—永久磁铁
3—音圈　4—音膜

磁铁、音膜、音圈及输出变压器组成。当声波传到音膜时就使音膜带动音圈随声波振动而振动。由于音圈处在永久磁铁的磁场中，振动使音圈导线切割磁力线，在音圈两端就会产生出随音频而变化的感应电压，将声能转换成电能，再由内部的输出变压器进行阻抗变换后输出。但目前使用的动圈式传声器基本上都没有阻抗匹配变压器，它在音圈绕制工艺上采用细线多层绕制方法，使传声器输出阻抗一次达200Ω左右，既省掉了变压器，简化了结构，也提高了传声器的技术指标。动圈式传声器具有音质好、结构简单、价格低、稳定可靠、适应性强、动态范围大、固有噪声小等特点，适合于语言和高音场合的拾音。

（2）驻极体传声器　驻极体传声器由声电转换和阻抗变换两部分组成，它的内部结构如图1-44所示。其工作原理是：驻极体振动膜与金属极板之间形成了一个电容，当驻极体振动膜遇到声波振动时，引起电容两端的电场发生变化，从而产生了随声波变化的交变电压。驻极体振动膜与金属极板之间的电容很小，一般为几十皮法，因而它的输出阻抗很高，不能直接与音频放大器匹配，所以在传声器内接入一个结型场效应晶体管进行阻抗变换。驻极体传声器具有体积小、结构简单、电声性能好等特点，广泛用于录音机、无线传声器及声控电路中。

图1-44　驻极体传声器的内部结构
1—外壳　2—内前壳　3—金属环　4—驻极体振动膜　5—衬圈　6—金属极板
7—垫圈　8—场效应晶体管　9—内后壳　10—输出线

2. 传声器的主要参数

（1）灵敏度　传声器的灵敏度是指传声器在一定的声压作用下而输出的信号电平。灵敏度的单位是mV/Pa(毫伏/帕)。

（2）输出阻抗　输出阻抗通常是在1kHz频率下测量的。一般阻抗值为200～600Ω的称为低阻，阻抗值为10～20kΩ的称为高阻。

（3）指向性　指向性是指传声器的灵敏度与声波入射角的关系。如果传声器的灵敏度与声波的入射角无关，则称为全指向性；若正面灵敏度比背面灵敏度高，则称为单指向性；若前后两面灵敏度一样，并且两侧的灵敏度都比较低，则称为双指向性。

3. 传声器的性能检测

传声器在使用前或维修时应对其进行检测，方法是：将万用表拨至 $R \times 100$ 或 $R \times 1k$

档，将两只表笔分别接传声器的引线，然后对准传声器讲话。如果万用表的表针摆动，说明传声器是好的；若摆动幅度大，说明灵敏度较高；若无摆动，说明传声器失效。对于动圈式传声器不要用 $R \times 1$ 档测量，因为 $R \times 1$ 档电流大，易烧坏传声器的线圈。

4. 传声器的使用

传声器在使用时，应注意以下几个问题。

1）使用传声器时，不能用手敲打传声器的头部，不能用嘴吹传声器来检验是否有输出，否则会缩短传声器的寿命。

2）对于剧场、体育馆、家庭等地点，应使用单指向性传声器，这种场合接收声音信号的传声器和重放这些信号的扬声器处于同一空间，当扬声器放音的角度和传声器拾声的角度重合时就会产生反馈。利用单指向性传声器能将扬声器的放音角度错开，抑制声反馈。

3）传声器的输出电缆不能过长。引线过长产生的分布电容会使信号高频端特性变坏，而且引线过长时信号衰减很大。

4）传声器不用时，应存放在干燥的地方，以防止其灵敏度降低，音圈霉断。

二、光电器件

光电器件的种类繁多，大致可分为三类：①发光器件，有发光二极管、红外发光二极管等；②光敏器件，包括光敏二极管、光敏晶体管、光耦合器等；③数显器件，包括 LED 数码管、液晶显示器等。另外还有激光二极管。

（一）发光二极管

发光二极管是采用磷化镓或砷化镓等半导体材料制成的。发光二极管与普通二极管一样也由 PN 结构成，具有单向导电性，但发光二极管不是利用它的单向导电性，而是让它发光作指示器件。发光颜色以红、绿、黄、橙、蓝等单色为主，也有一些能发出双色和三色光的发光二极管。国产发光二极管有 FG、BT、LET 等系列。发光二极管应用十分广泛，电视机、收录机中的指示灯采用发光二极管，路口的红绿灯采用高亮度发光二极管替代白炽灯。

（二）红外发光二极管

红外发光二极管的结构、原理与普通发光二极管基本一样。它们都只有一个 PN 结，只不过两者所用材料不同。红外发光二极管的材料为砷铝化镓，其光波波长在 940nm 左右，属红外波段。红外发光二极管有全塑封装和透明的黑色树脂封装。红外发光二极管应用十分广泛，如各种遥控器的发射管均采用红外发光二极管。另外，它与光敏器件配合使用可制成光耦合器。

（三）光敏二极管

光敏二极管（也称光电二极管）是一种光电转换器件，其结构与普通二极管类似，只是在接收光照的部分加上了一个透明窗口，其他部分用金属和塑料封装。常见光敏二极管有硅 PN 结型、锗雪崩型和肖特基型，其中硅 PN 结型用得最多。光敏二极管的型号有 2DU、2CU 型两种，其光谱范围是 $400 \sim 1000$nm。光敏二极管的基本原理是：光照到 PN 结时，PN 结吸收光能，将其转变为电能，它有两种工作状态：

1）当光敏二极管加上反向电压时，管子的反向电流将随光照的强度而改变，而且光照强度越大，反向电流越大。光敏二极管一般都在这种状态下使用。

2）当光敏二极管不加电压时，利用 PN 结在受光照时产生正向压降的原理，可把它用作微型光电池。

光敏二极管广泛用于红外遥控接收、光纤通信、光电转换仪器等方面。

（四）光敏晶体管

光敏晶体管（也称光电晶体管）也是一种光电转换器件，它与普通晶体管一样，也具有两个 PN 结，采用半导体材料制成。为了更好地实现光电转换，它的基区面积比普通晶体管大，而发射区面积小。光敏晶体管只引出集电极和发射极两个引脚，光窗口是基极。光敏晶体管具有电流放大作用，可应用于光电检测、光敏传感器等方面。使用时，一般加上红色有机玻璃滤光，以减少环境光的影响。

（五）光耦合器

光耦合器是以光为媒介、用来传输电信号的器件。它将发光器与受光器封装在同一管壳内，当输入端加上电压时，发光器发出光线，受光器接收光照后便会产生光电流，由输出端输出，从而实现了电-光-电的转换。常用的光耦合器有光敏二极管型和光敏晶体管型，其电路符号如图 1-45 所示。在光耦合器中，发光器就是发光二极管，受光器就是光敏二极管、光敏晶体管。由于光耦合器具有抗干扰能力强、使用寿命长、传输效率高等优点，可广泛用于电器隔离、电平转换、固态继电器、仪器仪表等电路中。

a）光敏二极管型   b）光敏晶体管型

图 1-45 光耦合器的电路符号

（六）LED 数码管

LED 数码管是一种最常见的数字显示器件，它以发光二极管为基础，把发光二极管制成条形，再按照共阴极或共阳极的方式连接，组成数字"8"，然后封装在同一管壳内。图 1-46 所示是 LED 数码管的笔段排列及内部电路结构。图 1-46b 为共阳极连接方式，当笔段电极接低电平，阳极接高电平时，相应笔段可以发光。图 1-46c 为共阴极连接方式，当阴极接低电平，笔段电极接高电平时，相应笔段发光。使用时，按规定使某些笔段的二极管发光，即可组成 0~9 的一系列数字，而且笔段电极都要外接限流电阻。

a）LED 数码外形   b）共阳极连接   c）共阴极连接

图 1-46 LED 数码管的笔段排列及内部电路结构

LED 数码管具有体积小、重量轻、亮度高、抗冲击性能好、寿命长等特点，因此它被广泛用于数字仪器仪表、数控装置、计算机的数显器件。

（七）液晶显示器(LCD)

液晶是一种既具有液体的流动性又具有光学特性的有机化合物，它的透明度和呈现颜色受外电场影响，利用这一特性便可做成字符显示器。

在没有外加电场的情况下，液晶分子按一定取向整齐地排列，处于透明状态，射入的光线大部分由反射电极反射回来，显示器呈白色。在电极加上电压以后，液晶分子电离，在电场的作用下运动并发生碰撞，破坏了液晶分子的整齐排列，使液晶呈现浑浊状态。这时射入的光线仅有少量反射回来，显示器呈现暗灰色。如果将七段透明的电极排列成数字"8"，那么只要选择不同的电极组合，并加以正电压，便能显示各种字符。液晶显示器的最大优点是功耗小，每平方厘米的功耗在 $1\mu W$ 以下，它的工作电压低，显示柔和，字迹清晰，尺寸可以做得很大。因此，液晶显示器在计算机、电子表、示波器及电视机中得到广泛应用。但是由于它本身不会发光，仅靠反射外界光线显示字型，所以亮度很差。此外，它的响应速度慢($10\sim200ms$)，这就限制了它在快速系统中的应用。

（八）激光二极管

激光二极管是一种能将电能转换成激光束的新型器件，它由双异质结构的镓铝砷三元化合物或铟镓铝磷四元化合物构成，激光二极管的额定功率是 $3\sim5W$，其光波波长为 $630\sim780nm$，其中激光光盘(Laser Disk,LD)、压缩光盘(Compact Disk,CD)中的激光二极管光波波长为 $780nm$，而数字通用光盘(Digital Versatile Disk,DVD)中激光二极管光波波长为 $630nm$ 或 $650nm$。激光二极管的应用十分广泛，如条形码阅读器、激光打印机、视频光盘设备和测量仪器的瞄准指示等方面。

三、压电器件

在自然界中某些物体在受到外部压力(或拉力)时，在其表面会产生电场，若给这种物体加上电场它又会产生机械变形，这种物体称为压电体。它们具有的这种特点叫压电效应。石英晶体谐振器、陶瓷滤波器、声表面波滤波器等压电器件，都是由具有压电效应的材料制成的。

（一）石英晶体谐振器

石英晶体谐振器是一种稳定频率和选择频率的电子元器件，它是利用具有压电效应的石英晶体，按特殊的轴向进行切割，然后加以封装制成的谐振元器件。通过不同的切割方法以及所切晶片的薄厚，可以制成不同谐振频率的石英晶体谐振器。它的谐振频率在 $3kHz\sim2000MHz$ 之间，而且谐振频率越高，晶片越薄。其外形、电路符号和等效电路如图 1-47 所示。石英晶体谐振器具有两个谐振频率，一个是串联谐振频率 f_s，另一个是并联谐振频率 f_p。石英晶体在接入压控振荡器时，总是当作一个具有高 Q 值的等效电感元件来使用，其 Q 值可达几万甚至上百万，因此具有很好的选频特性。利用石英晶体制成的振荡电路具有极高的频率稳定度，可达 $10^{-8}\sim10^{-9}$。例如，$1MHz$ 的振荡器，一日内的频率变化小于 $0.01\sim0.001Hz$。由于石英晶体谐振器具有上述的特点，因而广泛用于无线电通信设备、军事电子设备、日用钟表及家用电器中。使用时应注意不要让石英晶体谐振器剧烈震动或磕碰，否则会造成内部晶片损坏。

a) 外形

双电极
(二端)型

三电极
(三端)型

四电极(双对)
(四端)型

b) 电路符号

c) 等效电路

图 1-47　石英晶体谐振器

（二）陶瓷滤波器

陶瓷滤波器由钛酸铅和锆酸铅等材料制成，它具有体积小、重量轻、可靠性高、不需调整和不受外部电磁场干扰等优点，在家用电器和其他电子设备中得到越来越广泛的应用，如收录机、无线电通信机等设备中，都带有配套使用的陶瓷滤波器。陶瓷滤波器有两端和三端两种，其外形、电路符号、等效电路和频率特性如图 1-48 所示。

a) 两端陶瓷滤波器

b) 三端陶瓷滤波器

图 1-48　两端、三端陶瓷滤波器的外形、电路符号、等效电路和频率特性

根据陶瓷滤波器的用途不同，它可分以下几种。

1. 小型中频陶瓷滤波器

这种陶瓷滤波器常见的有 LT465D、LT465I 等，其标称输出频率为 465kHz，可供调幅收音机和通信机作中频选频器使用。如 LT465D 在调幅收音机中放电路中选择中频，其带宽为 4kHz。

2. 10.7M 型陶瓷滤波器

这种陶瓷滤波器主要适合在调频收音机和通信机中作中频滤波器使用，如 LT10.7M 型陶瓷滤波器在调频收音机中放电路中选择中频，其带宽为 230～330kHz；JT10.7M 型陶瓷滤波器在调频收音机的鉴频电路中使用，其带宽为 300kHz。

3. 6.5M 型陶瓷滤波器

这种陶瓷滤波器主要在电视机中使用,它又可分为三种:

(1)滤波器 其型号有 LT6.5,带宽为 220kHz,用于选出第二伴音中频。

(2)陷波器 其型号有 XT6.5M,带宽为 70kHz,用于伴音中频吸收,避免声像干扰。

(三)声表面波滤波器

声表面波滤波器(SAWF)的电路符号如图 1-49 所示,它由压电陶瓷、铌酸锂、石英等具有压电效应的材料制成。在输入端换能器的压电材料的电极上输入交流电信号后,由于压电效应,在电极材料表面将产生与外加输入信号相同频率的机械振动波,该振动波沿着压电材料基片表面以声音的速度传播。当此机械振动波传播到输出端的换能器时,由于压电逆效应,又通过输出换能器将机械振动波转换为交流信号,再由输出电极输出,从而实现电-声-电的转换。

图 1-49 声表面波滤波器的电路符号

声表面波滤波器具有性能稳定、可靠性高、抗干扰能力强、选择性好、频带宽、动态范围大等优点,另外其使用方便、不需任何调整,使电路的调试简化。但由于插入损耗大,在使用时,需在其前面加一级宽带放大器,以补偿其插入损耗。

本 章 小 结

电子元器件是在电路中具有独立电气功能的基本单元。电子元器件在各类电子产品中占有重要地位,特别是通用电子元器件,如电阻器、电容器、电感器、晶体管、集成电路等,更是电子设备中必不可少的基本材料。

本章讲述了常用元器件的种类、命名、主要参数及检测方法等,使读者全面了解各类电子元器件的结构和特点,学会正确的选择及应用。前三节主要介绍电阻器、电位器、电容器及电感器的分类、命名、标称值识别及性能质量检测方法。其中标称值的识别和质量检测是一项基本功,应熟练掌握。第四节介绍了二极管、晶体管、场效应晶体管和集成电路的命名、引脚识别及检测方法。对于二极管、晶体管要了解型号的含义,掌握检测方法;对于场效应晶体管要了解其种类及每类的特点;对于集成电路要了解其命名、分类以及引脚识别。第五节介绍了电声器件、光电器件和压电器件,使读者对这些器件有一定的感性认识,为今后的使用打下基础。

随着电子技术的发展,元器件逐渐趋向于小型化,出现了表面安装元器件,因此,了解其结构和封装特点十分必要。

习 题 一

1. 常见电阻器有哪几种,各自的特点是什么?

2. 根据色环读出下列电阻器的阻值及误差。

1）棕红黑金。

2）黄紫橙银。

3）绿蓝黑银棕。

4）棕灰黑黄绿。

3. 根据阻值及误差，写出下列电阻器的色环。

1）用四色环表示下列电阻：$6.8k\Omega \pm 5\%$，$39M\Omega \pm 5\%$。

2）用五色环表示下列电阻：$390\Omega \pm 1\%$，$910k\Omega \pm 0.1\%$。

4. 电位器的阻值变化有哪几种形式？每种形式适用于何种场合？在使用前如何检测其好坏？

5. 请写出下列符号所表示的电容量：

220、0.022、332、569、4n7、R33

6. 怎样用万用表检测电解电容的质量？

7. 电感器有哪些基本参数，各自的含义是什么？

8. 常用二极管有哪几种，每种的特点是什么？

9. 请写出下列二极管型号的含义：

2CW52、2AP10、2CU2、2DW7C

10. 请写出下列晶体管型号的含义：

3AX31、3DG201、3DD15A

11. 如何用万用表判别晶体管的三个电极（以 PNP 型为例）？

12. 场效应晶体管有哪几种，每种的特点是什么？使用时应注意什么？

13. 画出电动式扬声器的基本结构，并说明其工作原理。

14. 传声器有哪几种，每种的特点是什么？使用时应注意什么？

15. 什么是光耦合器，它有何作用？

16. 试述液晶显示器的基本工作原理。

17. 举例说明陶瓷滤波器的种类及其用途。

18. 什么是 SMT、SMC、SMD？表面安装元器件有哪些优点？

19. 比较 SOJ、SOP、QFP、PLCC、BGA、COB 等封装形式，指出其不同之处。

第二章

印制电路板的设计与制作

通过专门工艺，在一定尺寸的绝缘基材敷铜板上，按预定设计，印制导线和小孔，可在板上实现元器件之间的相互连接，这种线路板称为印制电路板(Print Circuit Board,PCB)，简称印制板。

印制电路板具有以下几个特点：

1）体积小，布线密度高，有利于电子设备的小型化，降低产品的成本，提高电子设备的质量和可靠性。

2）具有良好的产品一致性，可采用标准化设计，有利于生产过程中实现机械化和自动化。

3）简化了电子产品的装配、焊接及调试工作。

由于以上特点，印制电路板广泛应用于各种电子产品中。

第一节　印制电路板的种类与结构

一、印制电路板的种类

印制电路板的种类很多，按其结构可分为单面印制电路板、双面印制电路板、多层印制电路板和软性印制电路板。

（1）单面印制电路板　是最早使用的印制电路板，仅一个表面具有导电图形，而且导电图形比较简单，如图 2-1 所示。其主要用于一般电子产品中。

（2）双面印制电路板　两个表面都具有导电图形的印制电路板，并且用金属化孔使两面的导电图形连接起来，如图 2-2 所示。双面印制电路板的布线密度比单面印制电路板高，使用更为方便，主要用于较高档的电子产品和通信设备中。

（3）多层印制电路板　由三层以上相互连接的导电图形层、层间用绝缘材料相隔、经黏合后形成的印制电路板，如图 2-3 所示。多层印制电路板导电图形制作比较复杂，满足集成电路的需要，可使整机小型化；同时提高了布线密度，缩小了元器件的间距，缩短了信号的传输路径；也减少了元器件焊接点，降低了故障率，提高了整机的可靠性，广泛用于计算机和通信设备等高档电子产品中。

图 2-1　单面印制电路板

图 2-2 双面印制电路板

图 2-3 多层印制电路板

（4）软性印制电路板 以聚四氟乙烯、聚酯等软性材料为绝缘基板制成的印制电路板。可折叠、弯曲、卷绕；在三维空间里可实现立体布线，如图 2-4 所示。它的体积小、重量轻，装配方便，容易按照电路要求成形，提高了装配密度和板面利用率，主要用于高档电子产品中，如便携式计算机、手机和通信设备。

二、印制电路板的结构

一块完整的印制电路板主要包括以下几个部分：绝缘基板、铜箔、孔、阻焊层和丝印层。

（一）绝缘基板

印制电路板的绝缘基板是由高分子的合成树脂与增强材料组成的。合成树脂的种类很多，常用的有酚醛树脂、环氧树脂、聚四氟乙烯树脂等。增强材料一般有玻璃布、玻璃毡或纸等，它们决定了绝缘基板的机械性能和电气性能。常见的绝

图 2-4 软性印制电路板

缘基板有以下几种。

（1）酚醛纸层压板　由绝缘浸渍纸或棉纤维浸渍纸浸以酚醛树脂经热压而成。这种材料的绝缘基板价格低廉，但容易吸水，吸水后绝缘电阻降低，而且受环境温度影响大，当环境温度高于100℃时机械性能变差。这种绝缘基板广泛用于一般电子设备中，恶劣环境和高频条件下不宜使用。

（2）酚醛玻璃布层压板　用无碱玻璃布浸以酚醛树脂经热压制成。它具有质量轻、电气性能和机械性能良好等优点，主要用于工作温度和工作频率较高的电子设备中。

（3）环氧酚醛玻璃布层压板　用玻璃布浸以环氧树脂和酚醛树脂配成的合成树脂经热压而成。它的机械性能和电气性能都优于酚醛纸层压板，而且这种绝缘基板透明度好，但价格偏高。

（4）聚四氟乙烯层压板　具有良好的抗热性和电气性能，用于高频或超高频电路中。

除以上几种基板外，还有聚苯乙烯、聚酯和聚酰亚胺等材料制成的绝缘基板。

（二）铜箔

铜箔是印制电路板表面的导电材料，它通过黏合剂粘贴在绝缘基板的表面，然后再制成焊盘和印制导线，在板上实现元器件的相互连接。因此，铜箔是印制电路板的关键材料，必须具有较高的导电率和良好的焊接性。铜箔表面不得有划痕、砂眼和皱折。铜箔的厚度有 $18\mu m$、$25\mu m$、$35\mu m$、$70\mu m$ 和 $105\mu m$ 等几种。通常使用的铜箔厚度是 $35\mu m$。

1. 焊盘

在印制电路板中，焊盘起着连接元器件引线和印制导线的作用，它由安装孔及其周围的铜箔组成。

（1）焊盘的尺寸　焊盘的尺寸取决于安装孔的尺寸，安装孔在焊盘的中心，用于固定元器件引线，显然，安装孔的直径应稍大于元器件引线的直径。一般安装孔的直径最小应比元器件引线直径大0.4mm，但最大不能超过元器件引线直径的1.5倍，否则在焊接时，不仅用锡量多，并且会因为元器件的活动造成虚焊，使焊接的机械强度变差。

（2）焊盘的形状　焊盘的形状和尺寸要有利于增强焊盘和印制导线与绝缘基板的粘贴强度，而且也应考虑焊盘的工艺性和美观。常见的焊盘有以下几种：

1）圆形焊盘。如图 2-5 所示，焊盘与安装孔是同心圆，焊盘的外径一般为孔径的 2~3 倍。设计时，如果印制电路板的密度允许，焊盘不宜过小，否则焊接中容易脱落。同一块印制电路板上，除个别大元器件需要大孔以外，一般焊盘的外径应取为一致，这样不仅美观，而且容易绘制。

2）岛形焊盘。如图 2-6 所示，焊盘与焊盘结合为一体，犹如水上小岛，故称为岛形焊盘。它常用于不规则排列，特别是当元器件采用立式不规则固定时更为常用，收录机、电视机等家用电器都采用这种焊盘。岛形焊盘可大量减少印制

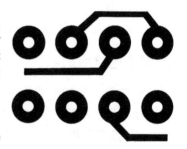

图 2-5　圆形焊盘

导线的长度和根数，并能在一定程度上抑制分布参数对电路造成的影响。此外，焊盘与印制导线合为一体后，铜箔面积加大，使焊盘和印制导线的抗剥强度增加。

3）椭圆形焊盘。椭圆形焊盘如图 2-7 所示。一般封装的集成电路两引脚之间的距离只

图 2-6 岛形焊盘

有 2.5mm，如果在这么小的间距里还要走线会比较困难，因此只能采用椭圆形焊盘，椭圆形焊盘有利于斜向布线，从而缩短了布线长度。在印制电路板设计中，不必拘泥于一种形式的焊盘，要根据实际情况灵活变换。

4）其他焊盘。除了以上形状的焊盘外，还有泪滴形焊盘、八角形焊盘和开口形焊盘等，如图 2-8 所示。其中泪滴形焊盘的牢固性最强。

图 2-7 椭圆形焊盘

泪滴形　八角形　开口形

图 2-8 其他焊盘

2. 印制导线

（1）印制导线的宽度　由于印制导线具有一定的电阻，当有电流通过时，一方面会产生电压降，造成信号电压的损失或造成地电流经地线时产生寄生耦合；另一方面会产生热量。当导线流过电流较大时，产生的热量多，易造成印制导线的粘贴强度降低而剥落。因此，在设计时应考虑印制导线的宽度，一般印制导线的宽度可设为 0.3 ~ 2.0mm。实验证明，若印制导线的铜箔厚度为 0.05mm，宽度为 1mm，允许通过 1A 的电流，宽度为 2mm 的导线允许通过 1.9A 的电流。因此，可以近似认为导线的宽度等于载流量的安培数。所以，导线的宽度可选在 1 ~ 2mm，就可以满足一般电路的要求。对于集成电路的信号线，导线宽度可以选在 1mm 以下，但为了保证导线在板上抗剥强度和工作可靠性，线条不宜太细。只要板上的面积及线条密度允许，应尽可能采用较宽的导线，特别是电源线、地线及大电流的信号线，更要适当加大宽度。

（2）印制导线的间距　在正常情况下，导线间距的确定应考虑导线之间击穿电压在最坏条件下的要求。在高频电路中还应考虑导线的间距将影响分布电容、电感的大小，从而影响电路的损耗和稳定性。一般情况下，建议导线的间距等于导线宽度，但不小于 1mm。实验证明，导线间距为 1mm 时，工作电压可达 200V，击穿电压为 1500V。因此，导线间距在 1 ~ 2mm 就可以满足一般电路的需求。

（3）印制导线的形状　导线的形状如图 2-9 所示。由于印制电路板的铜箔粘贴强度有限，印制导线的图形如设计不当，往往会造成翘起和剥脱，所以在设计印制导线的形状时应遵循以下原则：

1）印制导线不应有急剧的弯曲和尖角，最佳的拐弯形式是平缓地过渡，拐角的内、外角最好都是圆弧，其半径不得小于2mm。

2）导线与焊盘的连接处也要圆滑，避免出现小尖角。

3）导线应尽可能地避免分支，如必须有分支，分支处应圆滑。

4）导线通过两个焊盘之间而不与之连通时，应该使导线与它们的间距保持最大，而且相等。同样，导线之间的间距也应该均匀相等并且保持最大间距。

（三）孔

印制电路板的孔有元器件安装孔、工艺孔、机械安装孔及金属化孔等，如图2-10所示。它们主要用于基板加工、元器件安装、产品装配及不同层面之间的连接。元器件的安装孔用于固定元器件引线。安装孔的直径有0.8mm、1.0mm、1.2mm等尺寸，同一块电路板安装孔的尺寸规格应尽量少一些。

优先采用

避免采用

图2-9 印制导线的形状

金属孔   铜箔
绝缘基板

a) 双面板金属化孔   b) 单面板安装孔

图2-10 印制电路板的孔

金属化孔是把铜沉积在贯通两面导线或焊盘的孔壁上，使原来非金属的孔壁金属化，使双面印制电路板两面的导线或焊盘实现连通。

（四）阻焊层

阻焊层是指在印制电路板上涂覆的绿色阻焊剂。阻焊剂是一种耐高温涂料，除了焊盘和元器件的安装孔以外，印制电路板的其他部位均在阻焊层之下。这样可以使焊接只在需要焊接的焊点上进行，而将不需要焊接的部分保护起来。应用阻焊剂可以防止搭焊连桥所造成的短路，减少返修，使焊点饱满，减少虚焊，提高焊接质量，减少焊接时受到的热冲击，使板面不易起泡、分层，减少了潮湿气体和有害气体对板面的侵蚀。

（五）丝印层

丝印层一般用白色油漆制成，主要用于标注元器件的符号和编号，便于印制电路板装配时的电路识别。

第二节　印制电路板设计的基本原则

印制电路板设计是电子产品制作的重要环节，其合理与否不仅关系到电路在装配、焊接、调试和检修过程中是否方便，而且直接影响到产品的质量与电气性能，甚至影响到电路功能能否实现。因此，掌握印制电路板的设计方法十分重要。

一般说来，印制电路板的设计不需要严谨的理论和精确的计算，布局排版并没有统一的固定模式。对于同一张电路原理图，因为思路不同、习惯不一、技巧各异，就会出现各种设计方案，结果具有很大的灵活性和离散性。

印制电路板的设计是电子知识的综合运用，需要有一定的技巧和丰富的经验。这主要取决于设计者对电路原理的熟悉程度，以及元器件布局、布线的工作经验。对于初学者来说，首先就是要熟练掌握电路的原理和一些基本布局、布线原则。然后通过大量的实践，在实践中摸索、领悟并掌握布局、布线原则，积累经验，才能不断地提高印制电路板的设计水平。

一、印制电路板上的干扰及抑制

干扰现象在整机调试中经常出现，其原因是多方面的。不仅有外界因素造成的干扰（如电磁波），而且还有印制电路板绝缘基板的布线不合理、元器件布局不当等造成的干扰，这些干扰在电路设计和排版设计中如予以重视，则可完全避免。相反，如果在设计中忽略了这些问题，便会出现干扰，使设计失败。

（一）电源干扰与抑制

任何电子产品都需要电源供电，并且绝大多数是由交流市电通过降压、整流、稳压后供给的。供电电源的质量直接影响整机的技术指标，除电源电路的原理性设计外，电源印制板设计中的工艺布线、元器件布局，尤其是去耦电容的位置不正确，都会对电源质量产生影响。例如在图 2-11 所示的稳压电路中，整流管接地过远，交流回路的滤波电容与直流电源的取样电阻共用一段导线接地，就会由于布线不合理而导致直流回路彼此相连，造成交流信号对直流信号产生干扰，使电源质量下降。

在印制电路板上，若直流电源的去耦电容所放位置不正确，就起不到去耦的作用。一般用铝电解电容器（10μF 左右）滤除低频干扰并将其放置在电路板电源入口处（不推荐）；陶瓷电容器（0.1μF ~ 680pF）用于滤除高频干扰，必须将其靠近集成电路的电源端且与其地线连接（推荐），如图 2-12 所示。陶瓷电容的容量根据 IC 的速度和电路的工作频率选择，速度越快，频率越高，电容量越小。

图 2-11 电源布线不当产生的干扰　　　　图 2-12 滤波去耦电容布设

（二）磁场的干扰及抑制

印制电路板的特点是使元器件安装紧凑、连接密集，这一特点无疑是印制电路板的优点。如果设计不当，这一特点就会给整机带来麻烦。例如印制电路板分布参数造成的干扰、元器件相互之间的磁场干扰等，在排版设计中必须引起重视。

1. 印制导线间的寄生耦合

两条相距很近的平行导线，它们之间的分布参数可等效为相互耦合的电感和电容。当信

号从一条线中通过时，另一条线内也会产生感应信号，感应信号的大小与电流的流向、原始
的频率及功率有关，此感应信号就是由分布参数产生的
干扰源。为了抑制这种干扰，排版前应分析原理图，区
别强弱信号线，使弱信号线尽量短，并避免与其他信号
线平行；若不能避免平行线，可以拉开两平行线的距离
或在两平行导线间布上一根地线。对于双面印制电路
板，两面的印制导线走向要相互垂直，尽量避免平行布
线，如图2-13所示。这些措施可以减少分布参数造成的
干扰。

正确　　　　不正确

图 2-13　双面印制电路板的布线

2. 磁性元器件的干扰

磁性元器件对电路也会造成干扰。例如，扬声器、电磁铁产生的恒定磁场，高频变压
器、继电器等产生的变化磁场，不仅对周围元器件产生干扰，同时对印制导线也会产生影
响。抑制这些干扰的措施有：

1）两个磁元器件的相互位置应使两个磁场方向相互垂直，这样可使它们之间的耦合最弱。

2）采用导磁材料对干扰源进行磁屏蔽，它有两种形式：一是用屏蔽罩进行屏蔽，并且
屏蔽罩要良好接地；二是用铁氧体磁珠套在元器件的引脚上实现屏蔽。

（三）热干扰及抑制

温度升高造成的干扰在印制电路板设计中也应引起注意。例如，晶体管是一种温度敏感
器件，特别是锗材料的半导体器件，更易受环境温度的影响而使工作点漂移，造成整个电路
性能发生变化，因而在排版时应予以考虑。

1）对发热元器件，应优先安排在有利于散热的位置，尽量不要把几个发热元器件放在
一起。必要时可单独设置散热片或增加散热用的风扇以降低温度对临近元器件的影响。

2）对于温度敏感的元器件，如晶体管、集成电路、大容量的电解电容器和其他热敏元
器件等，不宜放在热源附近或设备的上部。

（四）地线的公共阻抗干扰及抑制

电子线路工作时，需要直流电源供电，直流电源的某一极往往作为测量各点电压的参考
点，与此一极连接的导线即为电路的地线，它表示零电位的概念。但在实际的印制电路板
上，由于地线具有一定的电阻和电感，在电路工作时，地线具有一定的阻抗，当地线中有电
流流过时，因阻抗的存在，必然在地线上产生压降，这个
压降使地线上各点电位都不相等，这会对各级电路带来干
扰，如图2-14所示。由于电源提供的电流，既有直流分量
也有交流分量，因而在地线中，由于地线阻抗产生的电压
降，除直流电压降外，还有各种频率成分的交流电压降，
这些交流电压降加在电路中，就形成了电路单元间的互相
干扰。实验证明：流过印制导线的电流频率越高，感抗成

图 2-14　地线产生的干扰

分占整个阻抗的比例越大，干扰也就越大。例如，一块铜箔厚度为 $35\mu m$ 的印制电路板，印
制导线宽度为 1mm，则每 10mm 的电阻值为 $5m\Omega$ 左右，其电感量为 4nH 左右，用公式

$$X_L = 2\pi f L$$

计算一下感抗，在 10MHz 时 $X_L = 0.25\Omega$，在 1000MHz 时则是 25Ω。当印制导线上瞬间有峰

值为 1A 的脉冲状噪声电流通过时，产生的噪声压降很大，影响电路正常工作，造成这类干扰的主要原因在于两个以上回路共用一段地线。为克服地线公共阻抗的干扰，在地线布设时应遵循以下几个原则：

1）地线一般布设在印制电路板边缘，以便于印制电路板安装在机壳底座或机架上。

2）对低频信号地线，采用一点接地的原则。如果形成多点接地，会出现闭合的接地环路，当低频或脉冲磁场穿过该环路时将产生磁感应噪声，于是不同接地点之间会出现地电位差，形成干扰。通常一点接地有以下两种形式：

① 串联式一点接地，如图 2-15 所示。各单元电路一点接地于公共地线，但各电路离电源远近不同，离电源最远的 C 回路因地线阻抗大所受的干扰大，而离电源最近的 A 回路因地线阻抗小所受的干扰最小。由于各电路抗干扰的能力不同，所以在这种地线系统中，除了要设计低阻抗地线外，还应将易受干扰的敏感电路单元尽可能靠近电源。串联式一点接地能有效地避免公共阻抗和接地闭合回路造成的干扰，而且简单经济，在电路中被广泛采用。

② 并联式一点接地，如图 2-16 所示。以面积足够大的铜箔作为接地母线，并直接接到电位基准点，需要接地的各部分就近接到该母线上。由于接地母线阻抗很小，故能够把公共阻抗干扰减弱到允许程度。

图 2-15　串联式一点接地

图 2-16　并联式一点接地

3）在小信号模拟电路和大信号功放电路并存的电路中，采用大、小信号地线分开的办法。大信号地线在布局时，接地点应安排在靠近电源的地方；小信号地线在布局时，接地点应安排在远离电源的地方。

4）高频电路宜采用多点接地。在高频电路中应尽量扩大印制电路板上地线的面积，这样可以有效减少地线的阻抗。对于双面板，可利用其中一个导电平面作为基准地，需要接地的各部分可就近接到该基准地上。由于导电平面的高频阻抗很低，所以各处的基准电位比较接近，可有效地减少地线的阻抗。

5）在一块印制电路板上，如果同时布设模拟电路和数字电路，两种电路的地线要完全分开，如图 2-17 所示。供电也要完全分开，以抑制它们之间的相互干扰。

二、元器件的布局原则

在印制电路板的排版设计中，元器件的布局至关重要，它决定了板面的整齐美观程度和印制导线的长短与数量，对整机的可靠性也有一定的影响。布设元器件时应遵循以下几个原则：

1）在通常情况下，所有元器件均应布置在印制电路板的一面。对于单面印制电路板，元器件只能安装在没有导线的一面；对于双面印制电路板，元器件也应安装在印制电路板的一面；如果需要绝缘，可在元器件与印制电路板之间垫绝缘薄膜或使元器件与印制电路板之间留有 1~2mm 的间隙。在条件允许的情况下，尽量使元器件在整个板面上分布均匀、疏密一致。

图 2-17　模拟电路和数字电路地线分割

2）在保证电气性能的前提下，元器件应相互平行或垂直排列，以求整齐、美观。

3）重而大的元器件，尽量安置在印制电路板上紧靠固定端的位置，并降低重心，以提高机械强度和耐振动、耐冲击能力，减少印制电路板的负荷和变形。

4）发热元器件应优先安排在有利于散热的位置，必要时可单独安装散热器，以降低和减少对邻近元器件的影响。对热敏感的元器件应远离高温区。

5）对电磁感应较灵敏的元器件和电磁辐射较强的元器件在布局时应避免它们之间的相互影响。

三、印制导线的布线原则

元器件布局完成后，就可以根据电路原理图安排和绘制各元器件的连接线了，即印制导线的布线设计。布线对整机的电气性能影响较大，其原则如下：

1）公共地线一般布置在印制电路板的最边缘，既便于印制电路板安装在机架上，也便于与机架地相连接。电源、滤波等低频直流导线和元器件靠边缘布置，高频元器件及导线布置在印制电路板的中间，以减少它们对地线和机壳的分布电容。

2）印制导线与印制电路板的边缘应留有一定的距离（一般不小于2.5mm），这样便于安装导轨、进行机械加工和在自动化生产线上进行焊接。

3）单面印制电路板的某些印制导线有时要绕着走或平行走，这样印制导线就比较长，不仅使引线电感增大，而且使印制导线之间的寄生耦合也增大，虽然对于低频电路影响不明显，但对高频电路影响显著，因此必须保证高频导线、晶体管各电极的引线、输入和输出线短而直，并避免相互平行。若个别印制导线不能绕着走，此时为避免导线交叉，可用跨线，如图2-18所示。对于高频电路应避免用外接导线跨接，若交叉导线较多，最好用双面印制电路板，将导线印制在板的两面，这样可使导线短而直。用双面印制电路板时，两面印制的导线应避免互相平行，以减少之间的寄生耦合。

图 2-18　导线交叉时的处理方法

跨线

4）布置好电源线与接地导线，有效地抑制公共阻抗带来的干扰，可达到事半功倍的效果。

5）印制导线布设要整齐美观、有条理、布线与元器件布局应协调。在电气性能允许的前提下，布线宜同向平行，且在印制导线转弯处宜用45°角，避免使用锐角和直角。

四、表面安装印制电路板（SMB）的设计

表面安装技术（SMT）和通孔插装技术（THT）的印制板设计规范大不相同。在确定表面安装印制板的外形、焊盘图形以及布线方式时应充分考虑电路板组装的类型、贴装方式、贴片精度和焊接工艺等。只有这样，才能保证焊接质量，提高功能模块的可靠性。

（一）SMB 的布局

布局是指按照电路原理图的要求和元器件的外形尺寸，将元器件均匀整齐地布置在 PCB 上，并满足整机的机械和电气性能要求。SMB 上元器件布局时应遵循以下原则：

1）元器件要均匀分布，并尽量使它们在板上的排列方向一致，如图 2-19 所示。

2）双面贴装的元器件，两面体积较大的元器件要错开装配位置。否则，在焊接过程中会因为局部热量增大而影响焊接效果。

3）相互连线的元器件应相对靠近排列，以利于提高布线密度和保证走线距离最短。

（二）SMB 的布线原则

1）尽量走短线，特别是对小信号电路来讲，线越短电阻越小，干扰越小，同时耦合线长度要尽量减短。

推荐　　　　　　　　不推荐

图 2-19　贴片元器件的排列方向尽量一致

2）同一层上的信号线改变方向时应避免直角拐弯，尽可能走斜线，且曲率半径尽可能大些。

3）印制电路板线条的宽度要求尽量一致，这样有利于阻抗匹配。

4）焊盘与大面积铜箔采用"十"字或"米"字形连接，如图 2-20 所示。

5）对于电源线和地线而言，走线面积越大越好，以利于减少干扰，对于高频信号线最好是用地线屏蔽。

（三）焊盘的设计

目前表面安装元器件还没有统一标

图 2-20　焊盘与大面积铜箔连接方式

准，不同国家、不同厂商所生产的元器件外形封装都有差异，所以在选择焊盘尺寸时，应将自己所选用的元器件的封装外形、引脚等与焊接相关的尺寸进行比较，确定焊盘长度、宽度。

1. 焊盘长度

焊盘长度在焊点可靠性中所起的作用比焊盘宽度更为重要，焊点可靠性主要取决于长度而不是宽度。如图 2-21 所示，其中焊盘长度 L_1、L_2 尺寸的选择要有利于焊料熔融时能形成良好的弯月形轮廓，还要避免焊料产生桥接现

图 2-21　表面元器件焊盘的长度

象，以及兼顾元器件的贴片偏差（偏差在允许范围内），以利于增加焊点的附着力，提高焊接可靠性。一般 L_1 取 0.5mm、L_2 取 0.5 ~ 1.5mm。

2. 焊盘高度

对于 0805 以上的阻容元器件或引脚间距在 1.27mm 以上的 SO、SOJ 等 IC 芯片而言，焊盘高度一般是在元器件引脚宽度的基础上加一个数值，数值的范围为 0.1 ~ 0.25mm，而对于 0.65mm 引脚间距以下（包括 0.65mm）的 IC 芯片，焊盘宽度应等于引脚的宽度。对于细间距的 QFP，有的时候焊盘宽度相对引脚来说还要适当减小，如两焊盘之间有引线穿过时。

3. 焊盘的要求

1）焊盘之间、焊盘与通孔盘之间以及焊盘与大面积接地铜箔之间的连线，其宽度应等于或小于其中较小焊盘宽度的二分之一。

2）应尽可能避免在细间距元器件焊盘之间穿越连线，确需在焊盘之间穿越连线时，应用阻焊膜对其加以可靠的遮蔽。

3）焊盘内及其边缘处不允许有通孔。

4）凡用于焊接片状元器件的焊盘（即焊接点处），绝不允许兼作检测点。检测点应设计成专用的测试焊盘。

5）焊盘内不允许有字符与图形等标志符号。标志符号离焊盘边缘的距离应大于 0.5mm。

在设计表面安装印制电路板时，对于以上各点，必须给予足够的重视，才能保证所设计的印制电路板符合 SMT 生产工艺的要求，同时保证产品的焊接质量。

第三节　手工制作印制电路板

在电子产品样机设计尚未定型阶段，或电子爱好者业余制作时，经常需要制作一、两块供分析测试使用的印制电路板。若将之拿到专业制板厂加工，不仅周期长，而且很不经济，因此掌握手工制作印制电路板的方法非常必要。

一、刀刻法

对于一些电路简单、线条较少的印制电路板，可以用刀刻法来制作，如图 2-22 所示。刻制印制电路板常用的工具是小刀和钢板尺。刻制印制电路板的操作步骤如下：

1）设计、绘制刀刻线路底图。首先根据电子产品的外壳确定整个印制电路板的尺寸，然后确定元器件的位置，接着就可画出刀刻印制电路板的草图。为了便于刀刻，应把印制导线的铜箔面积加大，并且印制导线尽可能采用矩形。

2）用复写纸将刀刻底图复写在敷铜板的表面。

3）用小刀沿着复写线条刻出痕迹，力求刻断铜箔，再用刀尖将痕迹中间需要刻去的铜箔挑出一个头，然后用尖嘴钳夹住，将铜箔撕下。印制电路板刻好后，用细砂纸将铜箔表面氧化层和污垢擦掉，便可涂刷助焊剂。

二、感光法

感光法是在具有感光膜的感光电路板上制作印制导线和焊盘。这种感光电路板是在普通

a) 原理图

b) 刀刻示意图

c) 实际刀刻图

图 2-22　刀刻印制电路板底图设计

电路板的基础上，经清洗、抛光等工艺，再涂覆一层专用的感光涂层制成。用感光电路板制成的印制电路板具有精度高（最细可达 0.2mm 宽的线径）、成本低、效率高的优点。感光法的具体步骤如下：

1）用遮光性良好的油性签字笔在透明胶片或半透明的纸上画出印制电路板底图。

2）将印制电路板底图对准感光板，再用普通玻璃压上，使底图平整，然后在其上 4 ~ 6cm 处，放 10 ~ 20W 的荧光灯照射 6 ~ 10min，使感光电路板透光的部分被曝光。

3）将曝光好的感光板置于特制的显像液中，5 ~ 8min 后，曝光的感光涂层在显像液中溶解，露出铜箔，而未曝光的部分，表面仍有感光涂层。

4）将经过显像液处理的感光板放入三氯化铁溶液中腐蚀，直至铜箔完全去掉，而涂有感光层的部分不能被腐蚀掉。

5）将腐蚀后的印制电路板用清水冲洗后烘干，然后再用酒精除去感光涂层。最后再打孔，涂上助焊剂即可完成制作。

三、热转印法

热转印法利用激光打印机先将图形打印到热转印纸上，再通过热转印机将图形"转印"到覆铜板上，形成由墨粉组成的抗腐蚀图形，再经三氯化铁溶液腐蚀后即可获得所需印制板图形。其基本制作步骤如下。

1. 绘图

首先用 Protel 99 SE 或其他软件绘制 PCB 图，如图 2-23 所示注意安全距离最好在 0.4mm

以上；线宽最好为 0.5mm 以上，焊盘不能太小，最好是 2mm 左右，这样导线不容易短路或是断线。

图 2-23 PCB 图

2. 打印

热转印纸是一种将纸和高分子膜复合制成的双面特殊纸，这种纸可以经受很高的温度而不变形受损，热转印正是利用这种纸的特性进行工作的。

用黑白激光打印机把 PCB 图打印到热转印纸上。打印时要注意打印面必须是热转印纸的光膜面，特别要说明的是：激光打印机的质量要好，打印到热转印纸上的图形要精细没有底灰和断线，整个图形的对比度要一致，打印后的图形要注意保护，因为光膜面上的图形轻轻一划就能划掉。打印后的效果如图 2-24 所示。

3. 转印

转印前要求覆铜板平整、铜面没有划伤、上面和下面要干净清洁。如果敷铜板的四边有毛边，则必须用锯条等工具清去毛边，不清洁的地方要用汽油或酒精进行清洁，因为

图 2-24 打印在转印纸上的图形

毛边和不清洁都严重影响转印效果。处理后的敷铜板正反面都应该平整光洁。

接下来将热转印纸的图形面和覆铜板的铜面对和，认真仔细对好图形在覆铜板上的准确位置，对好后铜板在下，热转印纸在上，放到热转印机（如图 2-25 所示）中转印。转印结束待板子冷却后，再撕去转印纸，其效果如图 2-26 所示。

4. 腐蚀、清洗、钻孔

腐蚀液为盐酸、水、双氧水（过氧化氢），按 1∶3∶1 的比例混合。由于此溶液具有强腐蚀性，操作时务必注意人身安全，可带上医用橡胶手套。先在塑料盆里倒入 3 份的水，接着倒入 1 份的浓盐酸，再倒入 1 份的双氧水，搅拌后放入板子，不停地晃动盆，以加快反应速度。盐酸浓度为 37%，双氧水为 30%。注意不要过腐蚀。腐蚀、清洗掉油墨后再用台钻打孔，最后制作出的板子如图 2-27 所示。

图 2-25 热转印机

图 2-26 转印后的覆铜板

图 2-27 制作好的 PCB

第四节 Altium Designer Summer 09 电路板设计软件的使用

现代计算机的发展为电路原理图和 PCB 设计提供了强有力的手段。目前，常用的电子线路 CAD 软件有：Altium、Cadence、PADS、Proteus 等，其中应用 Altium Designer Summer 09 最为广泛。

一、软件简介

（一）概述

Altium Designer Summer 09 是一款 EDA（计算机辅助设计）工具软件，它是将电子设计工程师的创意转变成实际的电路乃至于成品 PCB 的一个工具软件，具有使用简单、易于学习、功能强大等特点，深受广大 PCB 设计人员的喜爱。

（二）项目文件

Altium Designer Summer 09 支持项目级别的文件管理，在一个项目文件里包括设计中生成的一切文件。例如，要设计一个数字钟电路板，该软件会将数字钟的电路图文件、PCB 图文件、设计中生成的各种报表文件及元器件的集成库文件等放在一个项目文件中，这样非常便于文件管理。项目文件类似于 Windows 系统中的文件夹，在项目文件中可以执行对文件的各种操作，如新建、打开、关闭、复制与删除等。图 2-28 所示为任意打开的一个项目文件，从该图可看出，该项目文件包含了与整个设计相关的所有文件。

（三）项目文件的操作

1. 运行软件

用鼠标双击桌面的 图标，启动 Altium Designer Summer 09 后便可进入主窗口，如图 2-29 所示。主窗口类似于 Windows 窗口的界面风格，它主要包括 6 个部分，分别为菜单栏、工具栏、工作窗口、工作面板、面板控制栏及导航栏。

图 2-28　项目文件

图 2-29　Altium Designer Summer 09 的主窗口

2. 项目文件的创建

具体步骤是：①单击图 2-29 所示的菜单命令"File"（文件）→"New"（新建）→"Project"（项目）→"PCB Project"（印制电路板项目），如图 2-30 所示。

② 在图 2-31 所示的"Projects"（项目）面板中将出现一个新的 PCB 项目文件，"PCB Project1. PrjPCB"为新建 PCB 项目的默认名称，执行项目命令菜单中的"Save Project"（保存项目），则弹出项目保存对话框。选择保存路径并输入项目名称"MYEX1. PrjPcb"，单击保存按钮后，即可建立 PCB 项目 MYEX1 的文件夹。

3. 项目文件的打开

具体步骤是：单击图 2-29 所示的"File"（文件）菜单，选择"Open Project"（打开项目文件），在弹出的对话框中选择要打开的项目的路径，找到要打开的项目文件后，单击"OK"按钮即可。

图 2-30 PCB 项目文件的创建

图 2-31 创建的项目

4. 项目文件的关闭

具体步骤：右键单击要关闭的项目文件，在弹出的菜单中选择"Close Project"（关闭项目文件）即可。

二、原理图绘制

（一）原理图绘制流程

电路板设计主要包括两个阶段：原理图绘制和 PCB 设计。原理图绘制就是在原理图编辑器内将设计完成的电路图绘制出来，通过进行元器件封装和创建网络表，为电路板的设计奠定基础。原理图绘制的基本流程如图 2-32 所示。

图 2-32　原理图绘制基本流程

（二）启动原理图编辑器

按照前面项目文件的创建方法创建名为"MYEX1.PrjPcb"的项目文件，并将其保存在"D：\电路设计"的文件夹中。

执行菜单"File"（文件）→"New"（新建）→"Schematic"（原理图）创建原理图文件，或用鼠标右键单击项目文件名，在弹出的菜单中选择"Add New to Project"（添加新文件到项目）→"Schematic"（原理图）新建原理图文件。系统在当前项目文件夹下建立了原理图文件"Sheet1.SchDoc"并进入原理图设计界面，如图 2-33 所示。

用鼠标右键单击原理图文件"Sheet1.SchDoc"，在弹出的菜单中选择"Save"（保存），屏幕弹出一个对话框，将文件改名为"多谐振荡器"并保存。

原理图编辑器由主菜单、标准工具栏、连线工具栏、工作区、工作区面板、元器件库标签等按钮组成，如图 2-34 所示。

（三）设置图纸参数

进入原理图编辑器后，一般要先进行图纸设置。图纸尺寸的大小根据电路图的规模和复杂程度而定，设置合适的图纸是设计原理图的第一步。图纸的尺寸设置方法如下：

双击图纸边框或执行菜单"Design"（设计）→"Document Option"（文档选项），弹出如图 2-35 所示的"Document Options"（文档选项）对话框，选中"Sheet Options"（图纸选项）选项卡进行图纸设置。

在图纸选项卡中，单击"Standard Style"（标准风格）右侧的下拉列表框即可选定图纸的大小，如图 2-36 所示。标准的图纸主要有：A0、A1、A2、A3、A4，它们为公制标准，依次从大到小排列；下拉列表框中的 A、B、C、D 为英制标准。默认图纸为 A4，这里选中默认值，单击"OK"按钮确认。

（四）加、卸载元器件库

设置好电路图纸的尺寸后，接下来就需要加载元器件库。单击图 2-34 原理图编辑器右侧

图 2-33　原理图设计界面

图 2-34　原理图编辑器

图 2-35　"Document Options"（文档选项）对话框

的"Libraries"（元器件库）标签，弹出元器件库面板，如图 2-37 所示。

图 2-36　"Standard Style"（标准风格）下拉列表　　　　图 2-37　元器件库面板

单击图2-37中"Libraries"（元器件库）按钮，弹出如图2-38所示的对话框。单击"In-stall"（安装）按钮，屏幕弹出"打开"元器件库对话框，如图2-39所示，选中元器件库，单击"打开"完成元器件库的加载。

图2-38 "Available Libraries"（可用元器件库）对话框

图2-39 "打开"元器件库对话框

（五）放置元器件

1. 元器件放置

库文件加载完成后，就可以从对应库中选择元器件添加到图纸上了。本例以放置晶体管 2N3904 为例，它在 Miscellaneous Device. IntLib 库中，放置前先加载该库。放置步骤如下：

打开"Libraries"面板，加载 Miscellaneous Device. IntLib 库。在元器件列表中找到 2N3904，控制面板中将显示它的元器件符号和封装图，如图 2-35 所示。单击"Place 2N3904"按钮，将光标移动到工作区中，此时元器件以虚框的形式粘在光标上，将此元器件移动到合适位置，再次单击鼠标，元器件就放置到图纸上了，如图 2-40 所示，此时系统仍处于放置元器件状态，可继续放置该元器件，单击鼠标右键可退出放置状态。

a) 元器件放置初始状态　　　　b) 放置好的元器件

图 2-40　放置元器件

为了便于连线，在放置结束后，仍会调整图中部分元器件的位置和方向，可以通过如下方式调整：

将鼠标移到待调整的元器件上，按住鼠标左键不放，拖动鼠标，当元器件调整好位置后，松开鼠标左键即可。在元器件上按下鼠标左键不放，同时按下键盘上的＜空格＞键使元器件按顺时针方向旋转，按＜X＞使元器件水平翻转，按＜Y＞键使元器件垂直翻转。

2. 元器件属性编辑

当元器件处于虚框状态时，按键盘上的＜Tab＞键，或元器件放置好后双击元器件，系统弹出元器件属性对话框，如图 2-41 所示，此时可以修改元器件的属性。

"Designator"（标识符）是元器件的编号，如 R1、C1、……；"Comment"（注释）一般是元器件的型号，可根据情况确定其是否显示，若不想显示注释部分的内容，则将其右侧的"Visible"（可视）前的"√"去掉。对于元器件的标称值的大小，可通过更改右侧参数区域中"Value"（参数）的内容实现。

（六）放置电源和地符号

执行菜单命令"Place"（放置）→"Power Port"（电源端口），或单击连线工具栏上的第 5 个按钮 ⏚ 或第 6 个按钮 ⊤，然后按＜Tab＞键打开电源端口属性对话框，如图 2-42 所示。

其中"Net"（网络）栏可以设置电源端口的网络名，通常，电源符号设为 VCC，接地符号设置为 GND；将光标移动到"Orientation"（方向）栏后的"90 Degree"处，选择电源符号的旋转角度；将光标移动到"Style"（风格）栏处，可以选择电源和接地符号的形状，共 7 种，如图 2-43 所示。放置完元器件、电源和地符号的电路如图 2-44 所示。

（七）连线

执行菜单命令"Place"（放置）→"Wire"（导线），或单击连线工具栏的 〰 按钮，光

图 2-41   元器件属性对话框

图 2-42   "Power Port"（电源端口）属性对话框

标变为"×"形，系统处于绘制导线状态。若此时按下键盘上的 < Tab > 键，系统会弹出导线属性，可以修改导线的颜色和粗细。

将光标移至所需位置，单击鼠标左键，定义导线起点，将光标移至下一位置，再次单击鼠标左键，完成两点连接，如图 2-45 所示。单击鼠标右键，则退出画线状态。

图 2-43 各种电源和接地符号

图 2-44 放置元器件后的原理图

a) 连接标志   b) 连接完成

图 2-45 放置导线示意

将图 2-44 中的元器件连好后的结果如图 2-46 所示。

（八）编译及错误检查

对于简单电路，通过自己浏览就能看出电路中存在的错误，但对于复杂电路的电路原理图，单靠观察是不太可能查找到电路编辑过程中的所有错误。为此 Altium Designer Summer 09 提供了编译和检错的功能，执行编译后，系统会自动在原理图中有错误的地方加以标记，从而方便用户检查错误，提高设计质量。

对原理图进行编译，也叫 ERC（Electrical Rule Check）。在进行 ERC 之前，根据需要可以对 ERC 规则进行设置。单击菜单"Project"（项目）→"Project Options"（项目选项），打开"Options for PCB Project"对话框，可在该对话框中进行 ERC 规则设置，一般采用默认值。

设置检查规则后，单击菜单"Project"（项目）→"Compile PCB Project MYEX1. PrjPcb"，编译 MYEX1. PrjPcb 项目。编译后，系统的自动检错结果将显示在"Message"（信息）面板中。同时在原理图中相应出错位置放置红色波浪线作为标记。双击信息面板中的某行错误，系统会弹出如图 2-47 所示的"Compile Errors"（编译错误）对话框，在该对话框中单击出错元器件，原理图相应对象会高亮显示出来，这样可以方便快捷的定位错误。图 2-47 中提示的错误表示元器件"P?"没有编号。

图 2-46 绘制好的原理图

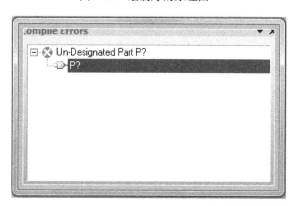

图 2-47 编译错误提示对话框

三、PCB 设计

（一）PCB 设计流程

使用软件设计 PCB 的基本流程如图 2-48 所示。

图 2-48 PCB 设计的基本流程

（二）启动 PCB 编辑器

执行菜单命令"File"（文件）→"New"（新建）→"PCB"创建 PCB 文件，或用鼠标右键单击项目文件名，在弹出的菜单中选择"Add New to Project"（添加新文件到项目）→"PCB"新建 PCB 文件。系统便会在当前项目文件夹下建立 PCB 文件"PCB1. PcbDoc"并进入 PCB 设计界面。

用鼠标右键单击 PCB 文件"PCB1. PcbDoc"，在弹出的菜单中选择"Save"（保存），屏幕弹出一个对话框，将文件改名为"稳压电源"并保存，PCB 编辑器如图 2-49 所示。

图 2-49　PCB 编辑器界面

（三）规划电路板

1. PCB 环境参数设置

PCB 的环境参数设置与原理图设置相似，通过参数设置，可使操作更加灵活方便。执行菜单命令"Design"（设计）→"Board Option"（板选项）即可打开"Board Option"（板选项）对话框，如图 2-50 所示，在此对话框内，对 PCB 的环境参数进行设置。

"Measurement Unit"（测量单位）栏用于 PCB 中单位的设置，Metric 表示公制单位，单位是 mm；Imperial 表示英制单位，单位是 mil（读作密耳）。这里选择英制。

"Snap Grid"（捕获网格），该值的大小决定鼠标捕获格点的间距。X 与 Y 的值可以不同。对于通孔较多的 PCB，该值可设置为 50mil 或 100mil。

"Component Grid"（元器件网格），是元器件格点的设置，改变该值的大小可以实现元器件的精确放置。对于通孔元器件较多的 PCB，该值设置为 50mil 或 100mil。

"Visible Grid"（可见网格）决定了图纸上格点的间距。通常在"Makers"（标记）的下拉列表中选择"Line"（线），可视格点分为可视格点 1 和可视格点 2，通常可视格点 1 的值小于可视格点 2 数值。

2. 电路板类型设置

设计者要根据实际需要，设置电路板的层数，如单面板、双面板或多层板。操作步骤如下：

图 2-50 "Board Option"（板选项）对话框

执行菜单命令"Design"（设计）→"Layer Stack Manager"（层栈管理），打开层堆栈管理对话框。在该对话框中，设计者可以选择电路板的类型或设置电路板的工作层面。单击 Menu 按钮弹出"Menu"（菜单）菜单，如图 2-51 所示。此菜单中的"Example Layer

图 2-51 "Layer Stack Manager"（层栈管理）对话框"Menu"菜单

Stacks"（层堆叠样例）菜单项提供了常用不同层数的电路板层数的设置，可以直接快速进行板层设置。

3. 工作层面设置

PCB 编辑器内显示的各个板层具有不同的颜色，以便区分。用户可根据个人习惯进行设置，并且可以决定该层是否能显示出来。执行菜单命令"Design"（设计）→"Board Layers & Color"（板层和颜色），或将鼠标放置在工作区单击键盘上的<L>键，弹出板层与颜色设置对话框，对于层面颜色采用默认设置，并单击所有设置下方的"Use On"（使用打开）按钮。

4. 电路板外形设置

电路板的外形设置主要包括其物理边界和电气边界的确定。理论上，物理边界定义在机械层（Mechanical Layer），电气边界定义在禁止布线层（Keep Out Layer），但在实际操作中，通常认为物理边界与电气边界是重合的，所以在规划边界时只规划电路板的电气边界。在规划电路板外形时应该综合考虑布线的可行性，不应一味追求小型化。电路板外形边框绘制的操作步骤如下：

① 在图 2-49 中单击窗口下方的"Keep Out Layer"（禁止布线层）标签，将当前工作层切换到禁止布线层。

② 执行菜单命令"Place"→"Line"，或单击连线工具栏上的第 1 个按钮，鼠标指针变成十字形状，此时可根据电路板形状要求画出其电气边界。

图 2-52　画出电气边界的电路板

③ 单击右键退出当前状态。画出电气边界的电路板如图 2-52 所示。

注意事项：

① 在设置电气边界时，一定要选择禁止布线层。

② 电气边界要密闭美观，否则影响后面的自动布局、布线。

③ 线宽可以通过双击边界线，打开线属性对话框进行设置。

5. 放置安装孔

电路板的安装孔即用来固定电路板的螺钉安装孔，其大小要根据实际需要及螺钉的大小确定。一般情况下，安装孔的直径比螺钉的直径大 1mm 左右。放置安装孔的操作步骤如下：

① 执行菜单命令"Place"（放置）→"Pad"（焊盘），或单击连线工具栏上的第 4 个按钮 ，此时鼠标指针变成十字形状，且粘有一个焊盘。

② 按 <Tab> 键打开焊盘属性对话框，如图 2-53 所示。作为安装孔，此时只需设置焊盘的内、外径尺寸和形状。X-Size 和 Y-Size 设置焊盘的外径尺寸；Shape 设置焊盘的形状，通常为 Round（圆形）；Hole Size 设置焊盘的内径尺寸。一般情况下，安装孔的内、外径尺寸一致即可。

图 2-53　焊盘属性对话框

③ 设置完成后，单击 OK 按钮，返回放置焊盘状态，在电路板的合适位置放置安装孔即可，如图 2-54 所示。一般情况下，安装孔放置在电路板的四个角，放置时注意安装孔与边界的距离。

（四）装载网络表

规划好电路板之后，就可以装入网络表了。网络表是原理图与 PCB 图之间联系的纽带，原理图的信息可以通过导入网络表的形式完成与 PCB 图之间的同步。本文以多谐振荡器原

理图"多谐振荡器. SchDoc"为例介绍导
入网络表的方法。

① 打开"多谐振荡器. SchDoc"文
件，使之处于当前窗口中，同时应保证
"多谐振荡器. PcbDoc"文件已处于打开
状态。

② 执行"Design"（设计）→"Up-
date PCB 多谐振荡器. PcbDoc"（更新
PCB 文件多谐振荡器. PcbDoc）菜单命令，
系统将对原理图和 PCB 图的网络表进行
比较并弹出一个"Engineering Change Or-
der"（工程变更顺序）对话框，如图2-55
所示。

③ 单击 Validate Changes 按钮，系统将
扫描所有的改变，看能否在 PCB 上执行

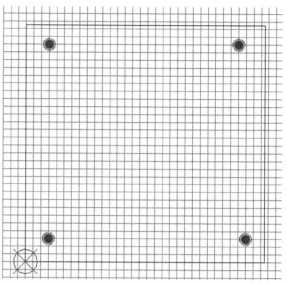

图 2-54　放置好安装孔的电路板

所有的改变。随后在对应的"Check"（检查）栏中显示✅标记。✅标记说明这些改变是合法
的。❌标记说明此改变不可执行，需要回到以前的步骤中进行修改，然后重新进行更新。

图 2-55　"Engineering Change Order"对话框

④ 进行合法性校验后，单击 Execute Changes 按钮，系统将完成网络表的导入，同时在每一
项的"Done"（完成）栏显示✅，标记导入成功。如图 2-56 所示。

⑤ 单击 Close 按钮关闭该对话框，这时可以看到在 PCB 图布线框的右侧出现了导入
的所有元件的封装模型，如图 2-57 所示。

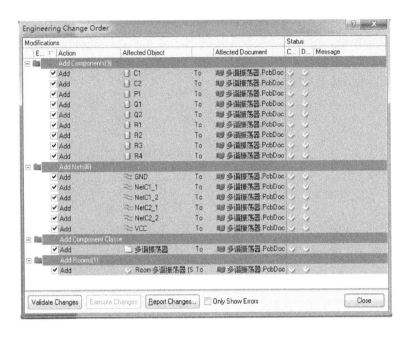

图 2-56 执行"Execute Changes"

(五) 元器件布局

元器件布局即确定元器件在电路板上的安装位置。元器件布局是否合理不仅关系到后期布线的难易,同时也关系到电路板实际工作情况的好坏,因此在布局时,应综合考虑各种因素,尽可能使布局规范合理。元器件布局的方法主要有手动布局、自动布局和交互式布局三种。

手动布局就是设计者根据实际电路设计要求手工完成元器件布局。相对于自动布局,手

图 2-57 导入网络表后的 PCB

动布局速度慢,需耗费大量的时间和精力,对设计者的设计经验要求较高。但是手动布局往往更能符合实际工作需要,实用性较强,而且有利于后期的布线操作。

自动布局的结果不是唯一的,即使是相同的布局方法,得到的布局结果也可能不同,设计者可以根据需要优选最佳布局结果。所以一般不予采用。

综合自动布局和手动布局的优缺点,从全局角度出发,设计者可以将二者结合起来使用,这就是交互式布局。对于有特殊要求的元器件可以进行手动布局,对于要求不是很高的元器件可以进行自动布局,之后还可以进行手动调整。交互式布局能够在加快布局速度的同时达到布局结果最优。交互式布局主要包括以下几个步骤:

① 关键元器件布局:对于有特殊要求的关键元器件,可以遵守设计原则进行手动布局,然后锁定这些元器件的位置,再进行自动布局。

② 自动布局:设置自动布局设计规则,然后执行自动布局命令,完成元器件自动布局。

③ 手动调整:在自动布局完成之后,对位置不理想的元器件进行手动调整,使布局达

到最优。

④ 元器件标注调整：所有的元器件布局完成之后，元器件的标注往往杂乱无章，因此需要将元器件标注放置到易于辨识的位置，以便于后期的装配和调试。

多谐振荡器的布局结果如图 2-58 所示。

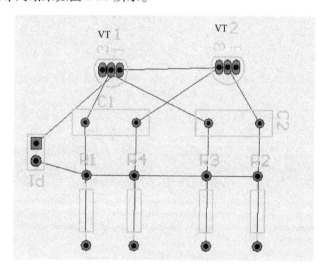

图 2-58　多谐振荡器的布局

（六）布线

1. 布线前规则设置

Altium Designer Summer 09 在 PCB 编辑器中为用户提供了 10 大类 49 种设计法则，覆盖了元器件的电气特性、走向宽度、走线拓扑布局、表贴焊盘、阻焊层、电源层、测试点、电路板制作、元器件布局等。

（1）"Clearance"（安全间距规则）设置　单击"Design"（设计）→"Rule"（规则），打开"PCB Rules and Constraints Editor"（印制电路板的规则和约束编辑器）对话框，如图2-59所示。

单击"Electrical"（电气）选项下的"Clearance"（安全间距规则），选中后，对话框右侧列出该项规则的详细信息，如图 2-60 所示。

此规则用于设置具有电气特性对象之间的间距，在 PCB 上具有电气特性的对象包括导线、焊盘、过孔等。在间距设置中可以设置导线与导线之间、导线与焊盘之间、焊盘与焊盘之间的间距规则。通常情况下，安全间距越大越好，但是太大的间距会造成电路不够紧凑，因此，安全间距通常设置在 10 ~ 20mil。

（2）"Width"（线宽）设置　"Width"用于设置走线宽度。走线宽度是指 PCB 导线的宽度，分为最大允许值、最小允许值和优选值 3 种。线宽的设置规则是：地线宽度 > 电源线宽度 > 信号线宽度。此处以地线宽度 35mil，电源线宽度 30mil，信号线宽度 12mil 为例进行设置。

鼠标右键单击"Routing"（走线）下方的"Width"，系统弹出线宽规则添加与删除菜单，选择"New Rule"（新建布线规则）的"Width _ 1"。在"Where The First Object Matches"（第一匹配对象的位置）区域的"Net"（网络）下拉列表中选择"GND"网络。在"Constraints"（约束）区域内将最大线宽"Max Width"、优选线宽"Preferred Width"和最小线宽

图 2-59 "PCB Rules and Constraints Editor" 对话框

图 2-60 "Clearance" 规则

"Min Width"均设为35mil，如图2-61所示。用同样方法新建规则"Width＿2"，将"VCC"网络线宽设置为30mil。

图2-61 线宽规则设置

2. 手动布线方法

选择绘制导线的层次，如"Bottom Layer"（底层），然后单击连线工具栏上第一个按钮 ，开始绘制导线。导线的拐角一般是45°或者是圆弧，导线要绘制到焊盘的中心。如图 2-62所示。

图2-62 导线绘制示意

图2-63是多谐振荡器手动布线的结果。

（七）打印输出

利用PCB编辑器的文件打印功能，可以将PCB文件不同层面上的图层按一定比例打印输出。

1. 页面设置

PCB文件在打印之前，要根据需要进行页面设定。在主菜单中执行"File"→"Page Setup"（页面设置）菜单，弹出"Composite Properties"（综合性能）对话框，如图2-64所示。

① "Printer Paper"（打印纸）：选择打印纸的大小及方向。

图 2-63　多谐振荡器手动布线结果

图 2-64　"Composite Properties" 对话框

② "Scaling"（比例）：设定打印内容与实际尺寸的大小比例。

③ "Advanced"（高级设置）：单击该按钮，进入 PCB 图层打印输出属性设置对话框，如图 2-65 所示。在该对话框内可以设置要打印的图层属性。

2. 打印属性设置

在图 2-65 所示对话框中，双击 "Multilayer Composite Print"（多层复合打印）前的页面图标，进入 "Printout Properties"（打印输出特性）对话框，如图 2-66 所示。在该对话框中，

"Layers"（图层）列表框中列出的是将要打印的层面。通过底部的编辑按钮可以对打印层面进行添加和删除操作。

图 2-65　PCB 图层打印输出属性设置对话框　　　图 2-66　打印输出特性对话框

3. 打印

单击工具栏上的 按钮，即可打印设置好的 PCB 文件。

PCB 的设计过程是一个复杂而又简单的过程，要想很好地掌握它还需广大电子工程设计人员自己去体会，只有通过大量的实践才能得到其中的真谛。熟练地掌握操作软件仅仅是一个基础，要想设计出一块性能优良、布局布线完美的电路板只能从实践中不断地学习和积累经验。

本 章 小 结

印制电路板由绝缘基板、连接导线和装配焊接电子元器件的焊盘组成，具有导电线路和绝缘基板的双重作用。印制电路板设计是根据设计人员的意图，将电路原理图转换成印制电路板图，并选择材料和确定加工技术要求的过程。

印制电路板的设计通常有两种方式：人工设计和计算机辅助设计。本章前三节介绍了印制电路板结构设计的基本原则及人工设计，其主要内容包括：元器件的布局原则、印制导线的布线原则以及对各种干扰的抑制方法等。第四节重点介绍了当前较为流行的电子 CAD 软件 Altium Deisgners Summer 09，使读者对软件设计有一个初步的了解。此外还介绍了一些手工制作印制电路板的方法。

习 题 二

1. 印制电路板由哪几部分组成，每部分的作用是什么？
2. 印制电路板的焊盘有几种，每种各适用于何种情况？

3. 在印制电路板布局时，如何防止电磁干扰和热干扰？

4. 试述地线中存在的干扰及其抑制方法。

5. 印制电路板在布线时应遵循什么原则？

6. 元器件在布局时应遵循什么原则？

7. 试述印制电路板底图的绘制过程。

8. 手工制作印制电路板的方法有几种，每种方法有何特点？

9. 用 Altium Designer Summer 09 软件绘制出图 2-67 所示的原理图，并根据原理图绘制出 PCB 图。

图 2-67　原理图

第三章

焊接工艺

焊接是电子设备装配的重要工艺。焊接质量的好坏，直接影响电子电路及电子装置的工作性能。优秀的焊接质量，可为电路提供良好的稳定性、可靠性，不良的焊接质量会导致元器件损坏，给测试带来很大困难，有时还会留下隐患，使设备不能正常工作。因此，了解和掌握必要的焊接操作技能是很重要的。

第一节　焊接的基本知识

一、焊接分类及特点

焊接一般分三大类：熔焊、接触焊和钎焊。

1. 熔焊

熔焊是指在焊接过程中，将焊件接头加热至熔化状态，在不外加压力的情况下完成焊接的方法。如电弧焊、气焊等。

2. 接触焊

接触焊是指在焊接过程中，必须对焊件施加压力（加热或不加热）完成焊接的方法。如超声波焊、脉冲焊、摩擦焊等。

3. 钎焊

钎焊采用比被焊件熔点低的金属材料作焊料，将焊件和焊料加热到高于焊料的熔点而低于被焊物的熔点的温度，利用液态焊料润湿被焊物，并与被焊物相互扩散，实现连接。

钎焊根据使用焊料熔点的不同又可分为硬钎焊和软钎焊。

使用焊料的熔点高于450℃的焊接称硬钎焊；使用焊料的熔点低于450℃的焊接称软钎焊。电子产品安装工艺中所谓的"焊接"就是软钎焊的一种，主要使用锡、铅等低熔点合金材料作焊料，因此俗称"锡焊"。

二、焊接机理

焊接是将焊料、被焊金属同时加热到最佳温度，焊料熔入被焊接金属材料的缝隙，不同金属表面相互浸润、扩散，最后形成合金层，从而将焊料和被焊金属永久牢固地结合。

（一）润湿（横向流动）

又称浸润，是指熔融焊料在金属表面形成均匀、平滑、连续并附着牢固的焊料层。浸润程度主要决定于焊件表面的清洁程度及焊料的表面张力。金属表面看起来是比较光滑的，但在显微镜下面看，却有无数的凸凹不平、晶界和伤痕，熔化的焊料就是沿着这些表面上的凸凹和伤痕靠毛细作用润湿扩散开去的，因此焊接就是焊锡在焊件上的流淌。流淌的过程一般是松香在前面清除氧化膜，焊锡紧跟其后。润湿的好坏用润湿角表示，如图 3-1 所示。

a) $\theta > 90°$ 不润湿　　　b) $\theta = 90°$ 润湿不良　　　c) $\theta < 90°$ 润湿良好

图 3-1　润湿好坏示意图

从以上叙述可知，润湿条件之一是被焊金属表面必须保持清洁。只有这样，焊料和被焊金属的原子才可以自由地相互吸引。

（二）扩散（纵向流动）

伴随着熔融焊料在焊件上扩散的润湿现象还出现焊料向固体金属内部扩散的现象。例如，用锡铅焊料焊接铜件，焊接过程中既有表面扩散，又有晶界扩散和晶内扩散。锡铅焊料中的铅只参与表面扩散，锡和铜原子间相互扩散。正是由于这种扩散作用，在两者界面形成新的合金，从而使焊料和焊件牢固地结合。

（三）合金层（界面层）

扩散的结果使锡原子和被焊金属铜的交接处形成合金层，从而得到一个牢固可靠的焊接点。下面以锡铅焊料焊接铜件为例说明。在低温（250～300℃）条件下，铜和焊锡的界面就会生成 Cu_3Sn 和 Cu_6Sn_5。若温度超过 300℃，除生成这些合金外，还要生成 $Cu_{31}Sn_8$ 等金属间化合物。

焊点合金层的厚度因焊接温度和时间不同而异，一般在 3～10μm 之间。图 3-2 所示是锡铅焊料焊接纯铜时的部分断面金属组织的放大说明。

图 3-2 说明：在温度（T）适当时，焊接会生成 Cu_3Sn、Cu_6Sn_5；当温度过高时，会生成 $Cu_{31}Sn_8$ 等其他合金。这是由于温度过高而使铜熔进过多，使焊接部位的物理特性、化学性质、机械特性及耐腐蚀性等发生变化。从焊点表面看，过热或时间过长会使焊料表面失去特有的金属光泽，而使焊点呈灰白色，形成颗粒状的外观。

图 3-2　锡铅焊料焊接纯铜组织说明图

同时，靠近合金层的焊料层，其成分发生变化，也会使焊料失去结合作用，从而使焊点丧失机械、电气性能。正确的焊接时间为 2～5s，且要一次焊成，切忌时间过长和反复修补。

三、形成合金层的条件

1. 焊接材料必须具有充分的焊接性

所谓焊接性是指被焊接的金属材料与焊锡在适当的温度和助焊剂的作用下，焊锡原子容易与被焊接的金属原子相结合，形成良好的焊点的特性。

并非所有的金属都具有良好的焊接性。有些金属如铬、钼、钨等，焊接性非常差，即使一些易焊的金属如纯铜、黄铜等，因为表面容易形成氧化膜而不易焊接，为了提高焊接性，一般须采用表面镀锡、镀银等措施。

衡量材料的焊接性，有专门指定的测试标准和测试仪器。实际上，根据焊锡的基本原理很容易比较材料的焊接性。例如，将一定量的焊料放到已加热到焊接温度的被焊物上，焊料熔化并向周围扩散。此时测量并比较润湿角的大小，便可定量比较不同材料、不同镀层的焊接性。一般共晶焊锡与表面干净的铜的润湿角为20°。

2. 被焊物表面必须清洁——这是形成合金层的绝对必要条件

因为氧化膜和杂质会阻碍焊锡和焊件相互作用，达不到原子间相互作用的距离，在焊接处难以生成真正的合金，容易虚焊。

3. 选用合适的焊剂

焊剂的作用是清除焊件表面氧化膜并减小焊料熔化后的表面张力以利于润湿。不同焊件、不同的焊接工艺，应选择不同的焊剂，如镍铬合金、不锈钢、铝等材料，必须使用专用的特殊焊剂实施焊接。

4. 焊接的温度和时间要适当

加热时应注意：不但要将焊锡加热熔化，而且要将焊件加热到可熔化焊锡的温度。只有在足够高的温度下，才能使焊料充分润湿，并充分扩散形成合金层。正确的加热时间为2~5s，加热时间过长将使被焊物温度过高容易使被焊物损坏。

从以上叙述可知，焊接时若满足上述4个条件，就能在几秒钟内发生各种物理及化学的连锁反应，从而使焊料和被焊金属间的表层形成合金。

四、电子装联常用焊料

当今无铅焊料已经被广泛使用，但是在服务器、存储器、微处理器以及针型压接连接器等焊接方面尚没有开发出合适的无铅焊料，需要使用高熔点、高铅含量的锡铅焊料。因此，锡铅焊料仍有较大的应用价值和使用范围。

纯锡(Sn)是一种质软低熔点的金属，熔点为232℃，纯锡较贵，质脆而机械性能差。在常温下，锡的抗氧化性强，锡容易同多种金属形成金属化合物。纯铅(Pb)是一种浅青白色的软金属，熔点为327℃，机械性能也很差。铅的塑性好，有较高的抗氧化性和抗腐蚀性。铅属于对人体有害的重金属。当锡和铅混合组成焊料的时候就会具备许多纯铅和纯锡所不具备的优点：

1）熔点低，低于铅和锡的熔点，有利于焊接。

2）强度高，合金的各种强度均优于纯锡和铅。

3）表面张力小、黏度下降，增大了液态流动性，有利于在焊接时形成可靠接头。

4）抗氧化性好，铅的抗氧化性在合金中继续保持，使焊料在熔化时减少氧化量。

锡铅焊料当中锡铅的比例直接影响焊料的熔点和性能，如图3-3所示铅锡

图3-3　铅锡合金状态图

合金状态图。

从图 3-3 中可以看出，只有纯铅（C 点）、纯锡（D 点）和易熔合金（共晶点 T 点）是在单一温度下熔化的。其他配比构成的合金则是随着温度的上升经历固态-半熔融状态-液态的熔化过程的，其上限（C-T-D 线）称作液相线，下限（C-E-T-F-D 线）称作固相线。在两个温度线之间为半熔融区，焊料呈稠糊状。在 T 点合金不呈半液体状态，可由固体直接变成液体，这个 T 点称为共晶点。按共晶点的配比配制的合金称为共晶焊锡。

共晶焊锡中锡的含量为 63%，铅的含量为 37%，此时的熔点达到最低，只有183℃。这个比重下的合金是铅锡焊料中性能最好的一种，共晶点附近的焊料的抗拉强度及抗剪强度为最高，分别为 52.5MPa 及 34MPa 左右。所以，很长时间以来它被广泛应用于电气零部件之间、元器件与引线的连接以及普通端子和印刷电路板的连接等方面。

第二节 无 铅 焊 料

众所周知，铅在人体内积累，会引起铅中毒，严重危害人的身体健康。欧盟公布的《关于在电子电气产品设备中禁止使用某些有害物质指令》，规定自 2006 年 7 月 1 日起开始在欧盟市场禁止销售含有铅、汞、镉等 6 种有害物质的电子电气设备。我国在 2006 年 7 月 1 日起要求投放市场的国家重点监管目录内的电子信息产品不能含有上述 6 种有害物质。为保护环境，近些年欧美、日本等发达国家已对替代 Sn-Pb 共晶焊料的无铅焊料进行了研究，并取得了较快的进展。下面介绍几种常用的无铅焊料。

无铅焊料是指在 Sn 中添加 Ag、Zn、Cu、Sb、Bi、In 等金属元素，替代Sn-Pb共晶焊料中的有害物质 Pb，通过焊料合金化来改善合金性能，提高焊接性。

目前常用的无铅焊料主要是以 Sn-Ag、Sn-Cu、Sn-Zn、Sn-Bi 为基体，添加适量其他金属元素组成三元合金或多元合金。

一、Sn-Ag 系无铅焊料

用 Sn-Ag 系无铅焊料合金替代 Sn-Pb 共晶焊料，目前存在的最大问题是熔点偏高。如Sn-3.5Ag 共晶的熔点是 221℃，通常依靠添加微量元素 Bi、In、Cu 和 Zn 等来降低熔点。Sn-Ag 系合金的状态图如图 3-4 所示。

银与锡之间的一种反应能在 221℃形成锡基质相位的共晶结构和 Ag_3Sn 金属间化合物。随着 Ag 从零开始增加，合金的强度也相应增加，添加到 3%以上的 Ag，强度显著高于 Sn-Pb 共晶焊料。但是超过 3.5%时，强度开始下降。

Sn-Ag 合金里添加 Cu，能够维持 Sn-Ag 良好性能的同时稍微降低熔点，并且添加 Cu 以后，能够减少所焊材料中铜的溶蚀。铜与锡的

图 3-4 Sn-Ag 系合金的状态图

反应能在227℃形成锡基质相位的共晶结构和 η 金属间的化合相位(Cu_6Sn_5)。

在 Sn-(3%~3.1%)Ag 的合金中添加铜，屈服强度和抗拉强度都随铜含量的增加而几乎呈线性的增加，超过 1.5% 的铜，屈服强度会减低，但合金的抗拉强度保持稳定。在锡/银/铜三重系统中，1.5% 的铜(3%~3.1% Ag)能最有效地产生适当数量的、最细小的微组织尺寸的 Cu_6Sn_5 粒子，从而达到最高的疲劳寿命、强度和塑性。

推荐： 锡/银/铜系统中最佳合金成分是 95.4Sn/3.1Ag/1.5Cu，它具有良好的强度、抗疲劳能力和塑性，逐渐成为国际上标准的无铅焊锡。

优点： 具有优良的机械性能、拉伸强度，蠕变特性及耐热老化比 Sn-Pb 共晶焊料稍差，但不存在延展性随时间加长而劣化的问题。

缺点： 熔点偏高，比 Sn-Pb 高 30~40℃，润湿性差，成本高。

二、Sn-Cu 系无铅焊料

Sn-Cu 系合金替代 Sn-Pb 共晶焊料，目前存在的最大问题是熔点太高，并且在 Cu 占有量大的范围形成多种金属间化合物，比较复杂。但在 Sn 量超过 60%，与共晶合金相近存在 Sn 和 Cu_6Sn_5 二元合金。共晶成分中 Cu 占 0.75% 时共晶温度为 227℃。Sn-Cu 系合金的状态图如图 3-5 所示。

图 3-5 Sn-Cu 系合金的状态图

Sn-Cu 系合金高温保持性能和热疲劳等可靠性比 Sn-Ag 系差。为了改善其可靠性可加入 Ag、Ni、Au 等元素。加入 0.1% Ag，可提高塑性 50%；加入 Ni，可减少焊锡渣量。

优点： 该合金价格低、熔点高，主要用在重视经济性的单面基板波峰焊。

缺点： 润湿性不太好，用在封装双面基板时，通孔的充填性差。

三、Sn-Zn 系无铅焊料

Sn-Zn 共晶焊锡的熔点与 Sn-Pb 共晶焊锡最接近，Sn-9% Zn 共晶焊料的共晶点为 198.5℃，图

3-6 所示为 Sn-Zn 系合金的状态图。

Sn-9%Zn 共晶的熔点比 Sn-Pb 共晶稍微偏高。添加微量的 Bi、In 或 Ag 等元素可以把熔点降下来。现已公开发表的合金组成有：Sn-9%Zn-5%In、Sn-5.5%Zn-1%Bi、Sn-8%Zn-5%In-0.1%Ag 和 Sn-10%Bi-8%Zn 等。例如 Sn-10%Bi-8%Zn 合金的熔点是 186~188℃，Sn-8%Zn-5%In-0.1%Ag 合金的熔点是 185~198℃。

图 3-6 Sn-Zn 系合金的状态图

优点：Sn-Zn 系焊料的金属特性好，Sn-Zn 系焊料与 Sn-Ag 系相比毒性小，成本也低。研究结果表明，Sn-Zn 系焊料拉伸强度优于 Sn-Pb 共晶焊料，延展性初期值偏低，长时间变化显示出与 Sn-Pb 共晶焊料具有相同值，可以作成线材。蠕变特性与 Sn-Pb 共晶相比变形缓慢，达到断裂的时间长，表现出良好的蠕变性。

缺点：Sn-Zn 系无铅焊料合金中的 Zn 元素离子化倾向相当大，抗氧化能力差，易形成稳定的氧化物，对焊料的润湿性产生很不利的影响。再有，在配制的焊膏中，Zn 元素与助焊剂中的活性剂等成分易发生反应，使焊膏在短期内出现增粘现象，难以印刷。

针对 Sn-Zn 系无铅焊料的上述问题，在使用 Sn-Zn 系焊料时选用与 Sn-Pb 共晶焊料不同的特殊助焊剂，在 N_2 等活性低的气体中进行焊接。同时，对基板和元器件引线的管理方法要系统化，有助于改善 Sn-Zn 系无铅焊料的润湿性。

四、Sn-Bi 系无铅焊料

Sn-Bi 系无铅焊料熔点较低，可以作为低温焊料使用。如 Sn-57%Bi 焊料共晶点是 138℃。Sn-40%Bi 焊料熔点 138~170℃。图 3-7 所示为 Sn-Bi 系合金的状态图。

该合金不形成化合物，共晶成分为单纯的共晶组织。Bi 本身很脆，机械性能差，抗冲击性差，但塑性好。

用 Sn-Bi 系无铅焊料替代 Sn-Pb 共晶焊料时，通常是以 Sn-57%Bi 共晶焊料为基础，适量地添加 Ag、Cu 等元素，提高机械性能，使熔化温度接近 Sn-Pb 共晶焊料熔点。现已公开的焊料合金有 Sn-7.5Bi-2Ag-0.5Cu，熔点是 187~221℃；Sn-5Bi-1Ag，熔点是 198~205℃。

优点：降低了熔点，使其与 Sn-Pb 共晶焊料接近，蠕变特性好，并增大了合金的拉伸强度。

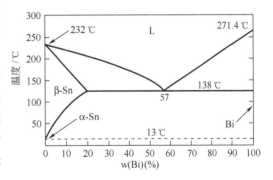

图 3-7 Sn-Bi 系合金的状态图

缺点：延展性差，合金硬而脆，难以加工成线料，主要是 Bi 元素的结晶构造是菱面体晶格，延展性不好，结果在 Sn-Bi 系合金中也显现出这个缺点。Bi 元素的菱面体晶格去使应用现有的助焊剂可以得到较好的焊接性。但是，该焊料合金在实用化中存在较大的一个问题是固液相共存的区域大，焊接时容易出现凝固偏析，使耐热性劣化。在工艺上如果采用快速冷却可以减小偏析。

第三节 手工焊接技术

一个良好焊点的产生，除了焊接材料具有焊接性、焊接工具（即电烙铁）功率合适、采用正确的操作方法外，最重要的是操作者的技能。只有经过相当长时间的焊接练习，才可掌握。有些人会认为用烙铁焊接非常容易，没有什么技术含量，这其实是非常错误的。只有通过焊接实践，不断用心领会，不断总结才能掌握较高的焊接技能。

一、电烙铁的种类

1. 外热式电烙铁

外热式电烙铁是指烙铁芯包在烙铁头的外部。它由烙铁头、烙铁芯、手柄、电源引线和插头等组成。其中烙铁芯是电烙铁的关键部分，它的结构是电热丝平行地绕制在一根空心瓷管上，中间用云母片绝缘并引出两根导线与220V交流电源连接。外热式电烙铁的外形和结构如图3-8所示。

烙铁头　烙铁芯　外壳　手柄　接线柱　固定螺　电源引线

图3-8　外热式电烙铁的外形和结构

外热式电烙铁一般有20W、25W、30W、50W、75W、100W、150W、300W等多种规格。功率越大，烙铁头的温度越高。一般用25W外热式电烙铁焊接印制电路板。

2. 内热式电烙铁

内热式电烙铁是指烙铁芯装在烙铁头的内部，从烙铁头内部向外传导热。它由烙铁芯、烙铁头、连接杆、手柄等几部分组成，如图3-9所示。烙铁芯由镍铬电阻丝缠绕在瓷管上制成。内热式电烙铁的热传导效率比外热式电烙铁高，20W的内热式电烙铁的实际发热功率与25～40W的外热式电烙铁相当。

烙铁头　烙铁芯　外壳　手柄　接线柱　固定螺　电源引线

图3-9　内热式电烙铁的外形和结构

内热式电烙铁的特点是体积小、发热快、重量轻、耗电低等。

内热式电烙铁的规格为20W、30W、50W等，主要用来焊接印制电路板。

3. 恒温式电烙铁

它是在普通电烙铁头上安装强磁体传感器制成的，结构示意图如图3-10所示。其工作原理是，接通电源后，烙铁头的温度上升，当达到设定的温度时，传感器里的磁铁达到居里点而磁性消失，从而使磁

图3-10　恒温式电烙铁结构示意图

1—烙铁头　2—加热器　3—控温元器件

4—永久磁铁　5—加热控制开关

心触点断开,这时停止向烙铁芯供电;当温度低于居里点时磁铁恢复磁性,与永久磁铁吸合,触点接通,继续向电烙铁供电。如此反复,自动控温。

4. 吸锡电烙铁

吸锡电烙铁是将普通电烙铁与活塞式吸锡器溶为一体的拆焊工具。它的使用方法是电源接通 3~5s 后,把活塞按下并卡住,将锡头对准欲拆元器件,待锡熔化后按下按钮,活塞上升,焊锡被吸入吸管。用毕推动活塞三、四次,清除吸管内残留的焊锡,以便下次使用。

5. 热风枪

热风枪又称贴片电子元器件拆焊台。它专门用于表面贴片安装电子元器件(特别是多引脚的 SMD 集成电路)的焊接和拆卸,其外观如图 3-11 所示。热风枪由控制电路、空气压缩泵和热风喷头等组成。其中控制电路是整个热风枪的温度、风力控制中心;空气压缩泵是热风枪的心脏,负责热风枪的风力供应;热风喷头是将空气压缩泵送来的压缩空气加热到可以使 BGA IC 上焊锡熔化的部件。其中头部还装有可以检测温度的传感器,把温度信号转变为电信号送回电源控制电路板;各种不同的喷嘴用于装拆不同的表面贴片元器件。

图 3-11 热风枪外观

二、电烙铁的选择和使用

电烙铁是手工焊接中的热源,它对焊料和被焊金属加热,在被焊金属表面生成合金层。

(一) 烙铁的合理选用

1. 电烙铁功率的选择

恒温式电烙铁在印制电路板的焊接中最理想,但对于一般生产、科研,可以根据焊接的对象选择合适功率的普通电烙铁,表 3-1 提供了选择依据。

表 3-1 选择电烙铁的依据

焊接对象及工作性质	烙铁头温度 (室温、220V 电压)	选 用 烙 铁
一般印制电路板、安装导线	300~400℃	20W 内热式、30W 外热式、恒温式
集成电路	300~400℃	20W 内热式、恒温式
焊片、电位器、2~8W 电阻、大电解电容器、大功率晶体管	350~450℃	35~50W 内热式、恒温式、50~75W 外热式
8W 以上大电阻、φ2mm 以上导线	400~550℃	100W 内热式、150~200W 外热式
汇流排、金属板等	500~630℃	300W 外热式
维修、调试一般电子产品	20W 内热式、恒温式、感应式、储能式、两用式	

由表 3-1 可知:

1)如果用小功率电烙铁焊接粗地线、粗电缆等大件,因其散热面积大,极易造成虚焊；如果用小功率烙铁焊接大功率晶体管，因为烙铁的功率较小，不能为被焊件提供足够的热量，需长时间加热，这样热量又会传到晶体管上，有可能损坏晶体管。所以此时要选择相应功率的电烙铁。

2）对普通小件焊接，如印制电路板等，应选用内热式20W左右的电烙铁为宜。若使用大功率电烙铁，会造成元器件热损坏。

2. 烙铁头的选用

为了保证可靠、方便地焊接，应根据焊盘的大小和焊点的密度选择烙铁头的形状和尺寸。图3-12所示为几种常用烙铁头的外形。

烙铁头有直型和弯型，其刃口形状种类也很多。选择烙铁头的依据是烙铁头刃口和焊盘的接触面积。接触面积大，大量的热量回传给焊盘和元器件。一般要求烙铁头刃口的接触面积应小于焊盘的面积。

图3-12 几种常用烙铁头的形状

烙铁头的选用应适合焊接面的要求和焊点的密度。焊点小的或焊点密集而怕热的元器件应选用锥式刃口为好，焊点大的应选用宽大的圆斜面刃口为好。功率大的一般使用弯头；功率小的一般使用直头。

圆斜面式是市面上常见的形式，适用于单面板上焊接不太密集的焊点；凿式和半凿式多用于电器维修工作；尖锥式和圆锥式适合焊接高密度的焊点和小而怕热的元器件。

要想焊接出优良的焊点，首先要有合适的电烙铁及平整的烙铁头。

（二）烙铁头的分类

烙铁头按照材料分为合金头和纯铜头。

1. 合金头

合金头又称为长寿式电烙铁头，它的寿命是一般纯铜电烙铁头寿命的10倍。因为焊接时是利用烙铁头上的电镀层焊接的，所以合金头不能用锉刀锉。如果电镀层被磨掉，烙铁头将不再粘锡导热。若电镀层在使用中有较多氧化物和杂质时，可以在烙铁架专用海绵上轻轻擦除。

2. 纯铜头

纯铜头在空气中极易氧化，故应进行镀锡处理。具体做法是：先用锉刀锉出铜色，然后上松香镀锡。有些纯铜烙铁头在连续使用过程中，其刃口发生氧化而凹陷发黑，需要拔下电源插头，用锉刀重新锉好并上锡。如果不是连续使用，应将烙铁头蘸上焊锡置于烙铁架上，拔下电源插头。否则，烙铁头会因焊锡过少而氧化发黑，烙铁不再粘锡。

注意：烙铁头要保持刃口完整、光滑、无毛刺、无凹槽，才可使热传导效率高。烙铁在使用过程中，电源线不要搭在烙铁头上，以免发生漏电。

（三）电烙铁的手握形式

（1）反握法（外热式）　适用于大功率电烙铁和热容量大的被焊件。用这种方法动作较稳定，不易疲劳，烙铁头采用直型。

（2）正握法（外热式）　使用弯头电烙铁时采用此法。

（3）握笔法（内热式）　适用于小功率电烙铁和热容量小的被焊件。烙铁头采用直型，这种方法在焊接印制电路板中普遍采用。电烙铁的握法如图3-13所示。

a) 反握法   b) 正握法   c) 握笔法

图 3-13　电烙铁的握法

三、焊接操作方法

（一）焊接步骤

1) 将烙铁头的刃口置于引线底盘交界处。

2) 用另一只手拿着焊锡丝触到被焊件上烙铁头对称的一侧，而不是直接加在烙铁头上。

3) 当焊锡丝熔化一定量之后迅速移开焊锡丝。

4) 当焊锡流量适中后，迅速移开烙铁。

（二）焊接注意事项

1) 焊接时间一般为 2 ~ 5s，一次焊成。常出现的问题是在焊点上反复的抹来抹去。

2) 焊点没有凝固时引线不能晃动，否则焊点结构将有间隙，造成虚焊。

3) 对于易热损坏元器件应该用镊子夹着引线焊，如小功率晶体管、电容等。

4) 焊接时，不允许将焊锡滴溅在元器件上或其他部位，以免烫伤元器件或造成电路板短路。

5) 焊接高压电路时应注意：

① 为避免高压尖端放电，焊接点应无锡刺。

② 为防止高压辉光放电，焊点之间、导线之间应无残存的焊剂和脏物，焊点周围应干净，以提高绝缘强度。

③ 焊接地线要牢固，防止高压电场感应电压。

④ 高压部分要加绝缘套管，防止操作触电。

⑤ 高压部分电路紧固部要紧固，无松动现象，防止高压打火，损坏元器件。

6) 高频电路焊接工艺要求如下：

① 为防止噪声干扰，地线需短而粗，且接地面积大，使地线阻抗极小，严防虚焊。

② 高频电路中元器件引线有分布参数影响，要求引线最短为佳。

③ 高频电路中导线应按实际要求放置，横平竖直都会产生互感或分布电容。

④ 由于高频集肤效应，各点的连线应最短为好，用粗导线宽铜箔连接，减少电压传输损耗。为防止高频介质损耗，要求焊接部位干净。

7) CMOS 电路输入阻抗极高，可达 $10^9 M\Omega$，人体的感应电荷足以将其击穿。焊接时应采用外壳接地的电烙铁(如外壳无接地装置需断电后焊接)且腕部带防静电手环。

四、焊接前的准备

见第五章第一节相关部分。

五、焊接后的检验

焊接完成以后，目测直观(或靠放大镜)检查焊点是否有缺陷，这是判断焊点质量的一个重要手段。表3-2列出了可能出现的有缺陷焊点的外观、危害、原因。

表3-2　可能出现的有缺陷焊点的外观、危害、原因

焊点缺陷	外观检查	危害	原因分析
虚焊	焊锡与元器件引线或与铜箔之间有明显黑色界线，焊锡向界线凹陷	不能正常工作	1. 元器件引线未清洁好，未镀好锡或锡被氧化 2. 印制板未清洁好，喷涂的助焊剂质量不好
焊料堆积	焊点结构松散、白色、无光泽	强度不足，可能虚焊	1. 焊料质量不好 2. 焊接温度不够 3. 焊锡未凝固时，元器件引线松动
焊料过多	焊料面呈凸形	浪费焊料，且可能包藏缺陷	焊丝撤离过迟
焊料过少	焊接面积小于焊盘的80%，焊料未形成平滑的过渡面	强度不足	1. 焊锡流动性差或焊丝撤离过早 2. 助焊剂不足 3. 焊接时间太短
松香渣	焊缝中夹有松香渣	强度不足，导通不良，有可能时通时断	1. 焊剂过多或已失效 2. 焊接时间不足，加热时间过长 3. 表面氧化膜未去除
过热	焊点发白，无金属光泽，表面较粗糙	焊盘容易剥落，强度降低	烙铁功率过大，加热时间过长
冷焊	表面呈豆腐渣状颗粒，有时可能有裂纹	强度低、导电不好	焊料未凝固前焊件抖动
浸润不良	焊料与焊件交界面接触过大，不平滑	强度低，不通或时通时断	1. 焊件清理不干净 2. 助焊剂不足或质量差 3. 焊件未充分加热
不对称	焊锡未流满焊盘	强度不足	1. 焊料流动性差 2. 助焊剂不足或质量差 3. 加热不足
松动	导线或元器件引线可移动	导电不良或不导通	1. 焊锡未凝固前引线移动造成空隙 2. 引线未处理好(浸润差或不浸润)

(续)

焊点缺陷	外观检查	危 害	原 因 分 析
拉尖	出现尖端	外观不佳, 容易造成桥接现象	1. 助焊剂过少, 而加热时间过长 2. 烙铁撤离角度不当
桥接	相邻导线连接	电气短路	1. 焊锡过多 2. 烙铁撤离方向不当
针孔	目测或用低倍放大镜可见有孔	强度不足、焊点容易腐蚀	引线与焊盘孔的间隙过大
气泡	引线根部有喷火式焊料隆起, 内部藏有空洞	暂时导通, 但长时间容易引起导通不良	1. 引线与焊盘孔的间隙过大 2. 引线浸润性不良 3. 双面板堵通孔时间长, 孔内空气膨胀
铜箔翘起	铜箔从印制板上剥离	印制板已损坏	焊接时间太长, 温度过高
剥离	焊点从铜箔上剥落(不是铜箔与印制板剥离)	断路	焊盘上金属镀层不良

六、拆焊

在电子设备的调试维修中, 经常需要拆下一些元器件来测试, 以判断其好坏, 应注意不要因拆焊而损坏元器件。

有些元器件引脚少, 如电阻、电容等, 可以将印制电路板立起后固定, 在烙铁加热焊点的同时用镊子夹住元器件的引脚轻轻拉出, 如图 3-14 所示。重新焊接时, 用镊子将焊孔再次捅开, 进行焊接。此法在同一焊点处不宜多用, 以免造成焊盘脱落。

当拆焊焊点较多时, 一般采用下列方法:

（1）使用吸锡器或吸锡电烙铁 前面已介绍了吸锡电烙铁的使用, 它既能完好拆下旧的元器件, 又使焊盘不致堵塞。由于它只能逐点拆焊, 且须频繁清除吸入的锡渣, 所以效率较低。

（2）使用专用工具 采用图 3-15 所示的专用烙铁头, 它可同时加热多个焊点, 拆焊效率高。但需要针对

图 3-14 分点拆焊示意图

不同种类元器件制作专用工具，且应使用大功率的电烙铁。

（3）使用吸锡材料　吸锡材料包括屏蔽编织层、细铜网以及多股铜导线等。使用前将材料蘸上松香，放到被拆部位用烙铁加热吸锡材料，通过热量的传导，焊锡被熔化，吸锡材料将锡吸走，焊点被拆除，如图 3-16 所示。

图 3-15　专用烙铁头

图 3-16　用吸锡材料拆焊

第四节　无铅助焊剂

一、无铅助焊剂概念

传统助焊剂用在无铅焊料的焊接时，表现出来的耐高温性能较差，很多在经过较高的预热及较高的炉温时会失去部分活性，造成上锡不好的状况；另外，传统助焊剂在无铅焊接中表现出来的润湿性能不够，造成焊接不良的状况较多。所以在无铅化焊接过程中助焊剂的选择成了首要问题。

无铅助焊剂并不是指助焊剂本身没有或不含铅，而是指针对无铅焊接工艺所设计与研发的助焊剂，当然，无铅助焊剂本身的有毒有害物质也必须满足欧盟公布的《关于在电子电气产品设备中禁止使用某些有害物质指令》。

此类焊剂一般固态物含量为中等，活化剂耐高温性能好，润湿性能也能够满足无铅焊接的要求，经过大量的反复实验，无铅焊料专用助焊剂已成功上市，随着无铅焊料的逐步推广，无铅焊料专用助焊剂的市场将越来越广阔。

二、无铅助焊剂的工作原理、组成及基本要求

助焊剂就是在整个焊接过程中，通过自身的活性物质作用，去除焊接材质表面的氧化层，同时使锡液及被焊材质之间的表面张力减小，增强锡液流动、浸润的性能，帮助焊接完成，所以它的名字称为助焊剂。

（一）助焊剂的作用

1. 去除氧化物

为了使焊料在被焊金属上产生润湿，所以必须将妨碍双方金属原子接近的氧化物及污物除掉，而助焊剂正具备这种功能，它能将氧化膜变成易于分解的物质，因此达到了清洁表面的作用。

2. 防止继续氧化

在焊接过程中，由于温度过高，会使金属表面氧化加速，而助焊剂会在整个金属表面上

形成一层薄膜包住金属，使其同空气隔绝，从而保护焊点不会在高温下继续氧化。

3. 提高焊锡的流动性

熔化后的焊料处于固体金属表面上，由于受表面张力的作用，焊料力图变成球状，而助焊剂可增加焊锡流动性，排开熔化焊料表面的氧化物。

（二）无铅助焊剂的组成

通过对助焊剂的作用及其工作原理等情况的分析，常用助焊剂的组成可以基本概括为以下几个方面：

1）溶剂：它能够使助焊剂中的各种组成均匀有效地混合在一起。目前常用溶剂主要以醇类为主，如乙醇、异丙醇等，甲醇虽然价格成本较低，但因其对人体具有较强的毒害作用，所以目前甲醇已很少被正规的助焊剂生产企业使用。

2）活化剂：以有机酸或有机酸盐类为主，无机酸或无机酸盐类在电子装配助焊剂中基本不用，在其他特殊助焊剂中有时会使用。

3）表面活性剂：以烷烃类或氟碳类等高效表面活性剂为主。

4）松香（树脂）：松香本身具有一定的活化性，但在助焊剂中添加时一般作为载体使用，它能够帮助其他组分有效发挥其应有作用。

5）其他添加剂：除以上组成外，助焊剂往往根据具体的要求而添加不同的添加剂，如光亮剂、消光剂、阻燃剂等。

（三）无铅助焊剂的一些基本要求

通过对助焊剂的作用与工作原理等的分析，概括来讲，常用无铅助焊剂应满足以下几点基本要求：

1）具有一定的化学活性（保证去除氧化层的能力）。

2）具有良好的热稳定性（与普通助焊剂相比要求更高，无铅工艺温度较高的工作环境要求无铅助焊剂在较高的焊锡温度下不分解、失效）。

3）具有良好的润湿性、对焊料的扩展具有促进作用（保证较好的焊接效果）。

4）留存于基板的助焊剂残渣，对焊后材质无腐蚀性（基于安全性能考虑，水清洗类或明示为清洗型的助焊剂应考虑在延缓清洗的过程中有较低的腐蚀性，或保证较长延缓期内的腐蚀性是较弱的）。

5）需具备良好的清洗性（不论是何类助焊剂，不论是否是清洗型助焊剂，都应具有良好的清洗性，在切实需要清洗的时候，都能够保证有适当的溶剂或清洗剂进行彻底的清洗。因为助焊剂的根本目的只是帮助焊接完成，而不是要在被焊接材质表面做一个不可去除的涂层）。

6）各类型助焊剂应基本达到或超过相关国标、行标或其他标准对相关助焊剂一些基本参数的规范要求（达不到相关标准要求的助焊剂，严格意义上讲是不合格的助焊剂）。

7）助焊剂的基本组成应对人体、环境无明显公害或已知的潜在危害（环保是当前一个世界性的课题，它关系到人体、环境的健康、安全，也关系到行业持续性发展的可能性）。

三、目前常见无铅助焊剂的种类

根据无铅助焊剂的用途来分，目前常见的种类大概有以下几种：

（一）电子装配用无铅助焊剂

在电子装配方面，目前市场推广的多是低固态无铅助焊剂，其固态含量不低于5%，一般在8%左右，经分析可知多家日本公司在中国市场推广的无铅助焊剂多数固态含量在10%左右，普遍用户反映焊后残留多。与以往普通助焊剂相比，无铅助焊剂要求有更高的耐热性能，在经过较高的预热温度后仍有较好的表面活性及活化性能，但焊后的残留需很好的分解，不能造成板面的残留污染。按目前推广的种类来分，用在装配方面的无铅助焊剂大致可分为以下几种：免清洗无铅助焊剂、低固态无铅助焊剂、松香型无铅助焊剂、水清洗无铅助焊剂及水基无铅助焊剂等。

电子装配用无铅助焊剂对工艺条件的要求其实并不是特别高，在目前市场现有无铅设备条件下，基本可达到其使用要求，一般来讲在波峰焊接当中为配合较高的波峰温度，在经过预热区时焊接面实际温度要达到100～110℃，在经过波峰焊接区时锡液温度要比锡铅合金焊料高出约20℃，所以无铅助焊剂一定要确保在高温下仍有较好的活化性及浸润性能。

（二）搪锡用无铅助焊剂

此类助焊剂适用于线材、变压器、线圈或其他元器件引脚镀锡，可分为免清洗型与松香型两种，目前多数厂家使用免清洗型助焊剂，并有以下几点要求：焊后无残留、对引脚无腐蚀、焊脚光亮、上锡快、易爬升、焊后引脚表面平滑无点状凹凸不平等。

（三）电路板预涂层无铅助焊剂

在印制电路板生产工序完成后，为防止电路板上焊盘的氧化，需要在其表面做一个涂层，这时所选用的助焊剂就是电路板预涂层无铅助焊剂。目前，多数单面板及少数双面板都要做这样的一个涂层，在涂布工艺上多数为滚涂法，该方法要求助焊剂涂布后在整个板面的分布均匀，板面光洁透明，无明显松香树脂涂布痕迹。

（四）电路板热风整平无铅助焊剂

此类助焊剂为双面或多层印制电路板制造工艺专用助焊剂，适用于双面板及多层板的整平喷锡工艺，它能够使锡液流动性能加强，上锡迅速、均匀且镀层极薄，不阻塞电路板贯穿孔，不易产生针孔而能够获得致密锡层。此类助焊剂多数在焊后可用清水洗涤。多数客户要求焊接时烟雾要少、活性要好、上锡面具有镜面光泽、锡润湿性佳、上锡速度快。目前可以采用刷涂、喷涂、鼓泡、滚涂等方法对此类助焊剂进行涂布。

第五节　自动焊接技术

当今电子技术飞速发展，电子元器件也日趋集成化、小型化和微型化，印制电路板上元器件的排列也越来越密集，手工焊接已不能满足高效率和高可靠性的要求。自动焊接技术是为了适应印制电路板的发展而产生的，它大大提高了生产效率，当前已成为印制电路板焊接的主要方法，在电子产品生产中得到普遍使用。

一、浸焊

浸焊是将插好元器件的印制电路板浸入熔融状态的锡锅中，一次完成印制电路板上所有焊点的焊接。它比手工焊接生产效率高，操作简单，适于批量生产。浸焊包括手工浸焊和机器自动浸焊两种形式。

（一）手工浸焊

手工浸焊是指由操作工人手持夹具将已插好元器件、涂好助焊剂的印制电路板浸入锡锅

中焊接。操作过程如下:

(1) 锡锅准备 锡锅熔化焊锡的温度在 230~250℃ 为宜,但有些元器件和印制电路板较大,可将焊锡温度提高到 260℃ 左右。为了及时去除焊锡层表面的氧化层,应随时加入松香助焊剂。

(2) 涂覆助焊剂 将插装好元器件的印制电路板浸渍松香助焊剂。

(3) 浸锡 用夹具夹住印制电路板的边缘,以与锡锅内的焊锡液成 30°~45° 的倾角浸入,然后与锡液保持平行浸入锡锅内,浸入的深度以印制电路板厚度的50%~70% 为宜,浸锡的时间为3~5s,浸焊完成后仍按原浸入的角度缓慢取出,如图3-17所示。

(4) 冷却 刚焊接完成的印制电路板上有大量余热未散,如不及时冷却,可能会损坏印制电路板上的元器件。可采用风冷或其他方法降温。

(5) 检查焊接质量 焊接后可能会出现连焊、虚焊、假焊等,可用手工焊接补焊。如果大部分未焊好,应检查原因,重复浸焊。但印制电路板只能浸焊两次,否则,会使印制电路板变形、铜箔脱落、元器件性能变差。

图 3-17 浸焊示意图

(二) 自动浸焊

(1) 工艺流程 图 3-18 是自动浸焊的工艺流程图。

图 3-18 自动浸焊的工艺流程图

把插装好元器件的印制电路板用专用夹具安装在传送带上。首先喷上泡沫助焊剂,再用加热器烘干,然后放入熔化的锡锅进行浸锡,待锡冷却凝固后再送到剪腿机剪去过长的引脚。

(2) 自动浸锡设备

1) 普通浸锡机。普通浸锡机在浸焊时,将振动头安装在印制电路板的专用夹具上,当印制电路板浸入锡锅停留 2~3s 后,开启振动头振动 2~3s,这样既可振动掉多余的焊锡,也可使焊锡渗入焊接点内部。

2) 超声波焊接机。超声波焊接机是通过向锡锅内辐射超声波来增强浸锡效果,使焊接更可靠,适用于一般浸锡较困难的元器件浸锡。其一般由超声波发生器、换能器、水箱、焊料槽、加温设备等几部分组成。

(三) 浸焊的优缺点

优点:浸焊比手工焊接效率高,设备也比较简单。

缺点:由于锡锅内的焊锡表面是静止的,表面上的氧化物极易粘在被焊物的焊接处,容易造成虚焊;又由于温度高,容易烫坏元器件,并导致印制电路板变形。所以,在现代的电子产品中已被波峰焊取代。

二、波峰焊

波峰焊是目前应用最广泛的自动焊接工艺。波峰焊采用波峰焊机进行焊接。波峰焊机的主要结构是一个温度能自动控制的熔锡缸，缸内装有机械泵和具有特殊结构的喷嘴。机械泵能根据焊接的要求，连续不断地从喷嘴压出液态锡波。当置于传送机构上的印制电路板以一定速度进入时，焊锡以波峰的形式溢出至印制板面进行焊接。

（一）波峰焊设备主要部分的功能

1. 泡沫助焊剂发生槽

涂覆助焊剂是利用波峰焊机上的涂覆装置，把助焊剂均匀的涂覆在印制电路板上。涂覆的方式有发泡式、浸渍式、喷雾式，其中以发泡式最常用。

泡沫助焊剂发生槽的结构：在塑料或不锈钢制成的槽缸内装有一根微孔型发泡瓷管或塑料管，槽内盛有助焊剂。当发泡管接通压缩空气时，助焊剂即从微孔内喷出细小的泡沫，喷射到印制电路板覆铜的一面，如图3-19所示。为使助焊剂喷涂均匀，微孔的直径一般为 $10\mu m$。

2. 气刀

它由不锈钢管或塑料管制成，上面有一排小孔，向着印制电路板表面喷出压缩空气，将板面上多余的助焊剂排除，并把元器件引脚和焊盘间的真空气泡吹破，使整个焊面皆喷涂助焊剂，以提高焊接质量。

3. 热风器和两块预热板

热风器的作用是将印制电路板焊接面上的水淋状助焊剂逐渐加热，使其成糊状，增加助焊剂中活性物质的作用，同时也逐步缩小印制电路板和锡槽焊料的温差，防止印制电路板变形和助焊剂脱落。

热风器结构简单，一般由不锈钢板制成箱体，上加百叶窗口，其箱体底部安装一个小型风扇，中间安装加热器，如图3-20所示。当风扇叶转动时，空气通过加热器后形成热气流，经过百叶窗口对印制电路板进行预加热，温度一般控制在 $40\sim50℃$。

图3-19 泡沫助焊剂发生槽

图3-20 热风器示意图

预热板的热源有多种，如用电热丝、红外石英管等。对预热板的技术要求是加热要快，对印制电路板加热温度要均匀、节能、温度易控制。一般要求第一块预热板使印制电路板焊盘或金属化孔（双层板）温度达到80℃左右，第二块使其温度达到100℃左右。

4. 波峰焊锡槽

波峰焊锡槽是完成印制电路板波峰焊接的主要设备之一。熔化的焊锡在机械泵（或电磁

泵)的作用下由喷嘴源源不断喷出而形成波峰。当
印制电路板经过波峰时元器件被焊接。

波峰焊设备的型号和品种有很多,就波峰
形状而言,可分为 λ 波、Z 波、T 波、双 T 波和
双 λ 波等几种;就构造而言,有圆周形和直线
形两种。波峰焊锡槽结构及焊接方式如图 3-21
所示。

图 3-21 波峰焊锡槽结构及焊接方式示意图

(二) 波峰焊设备操作要点

(1) 焊接温度 焊接温度是指喷嘴出口处焊料波峰的温度。一般温度控制在 230 ~ 250℃,温度过低会使焊点毛糙、拉尖、不光亮,甚至造成虚焊、假焊;温度过高易使氧化加快,印制电路板变形,甚至烫坏元器件。温度调节要根据印制电路板材质与尺寸、环境温度和传送带速度作相应调整。

(2) 按时清除锡渣 锡槽中锡料长时间与空气接触容易形成氧化物,氧化物积累多了会在泵的作用下随锡喷到印制电路板上,使焊点无光泽,造成渣孔和桥连等缺陷,所以要定时(一般为 4h)清除氧化物。也可在熔融的焊料中加入防氧化剂,这不但可防止氧化还能将氧化物还原成锡。

(3) 波峰的高度 波峰的高度最好调节到印制电路板厚度的 1/2 ~ 2/3 为宜。波峰过低会造成漏焊和挂锡,波峰过高会造成堆锡过多,甚至烫坏元器件。

(4) 传送速度 传送速度一般控制在 0.3 ~ 1.2m/s,依据具体情况决定。冬季,在印制电路板线条宽、元器件多、元器件热容量大时,速度可稍慢一些,反之速度可快一些。速度过快,则焊接时间过短,易造成虚焊、假焊、漏焊、桥连、气泡等现象。速度过慢,则焊接时间过长,温度过高,易损坏印制电路板和元器件。

(5) 传送角度 传送角度一般选在 5° ~ 8° 之间,根据印制电路板面积及所插元器件多少决定。

(6) 分析成分 锡槽中的焊锡使用一段时间后,会使锡铅焊料中的杂质增加,主要是铜离子杂质影响焊接质量。一般要三个月化验分析一次,如果超过了准许含量,应采取措施,甚至调换。

(三) 清洗

印制电路板焊接完成后,一般都会或多或少的有助焊剂残留物附在基板上。这些残留物会对基板造成不良影响(如短路、漏电、腐蚀、接触不良等),所以要对板间残留的助焊剂等污物及时清洗。要求清洗材料对助焊剂的残留物有较强的溶解和去污能力,并且对焊点不应有腐蚀作用。清洗方法主要包括:

(1) 液相清洗法 液相清洗法一般采用工业酒精、汽油、去离子水等做清洗液。这些液体溶剂对助焊剂的残留物和污物有溶解、稀释和中和作用。清洗时用手工工具蘸一些清洗液去清洗印制电路板,或用机器设备对清洗液加压,使之成为大面积的宽波形式来冲洗印制电路板。液相清洗法清洗质量好、速度快、有利于实现清洗工序自动化,但

是设备较复杂。

（2）气相清洗法　气相清洗法是在密封的设备里，采用毒性小、性能稳定、具有良好清洗能力、防燃防爆和绝缘性能较好的低沸点溶剂做清洗剂，如三氯三氟乙烷。清洗时，溶剂蒸汽在清洗物表面冷凝形成液体，液体流动冲掉清洗物表面的污物，使污物随着清洗液流走，达到清洗的目的。

（3）超声波清洗法　超声波清洗法是把液体放入清洗槽内，在槽内使用超声波。超声波是一种疏密的振动波，这种振动波对液体有压力的作用，使液体形成气泡。这种压力是变化的，压力作用达到一定值时，气泡迅速增长，然后又突然闭合。在气泡闭合时，由于液体间相互作用产生了强大的冲击波，依靠这种冲击波达到清洗电路板的目的。

三、再流焊

随着电子产品"轻、薄、短、小"的发展趋势，焊接技术在浸焊、波峰焊的基础上也在向前发展。再流焊，又称回流焊，就是伴随微型化电子产品的出现而发展起来的一种新的锡焊技术。它主要应用于片状元器件的焊接。

再流焊就是先将焊料加工成一定粒状的粉末，加上适当的液态黏合剂，使之成为具有一定流动性的糊状焊膏，用它将元器件粘在印制电路板上，通过加热使焊膏中的焊料熔化而再次流动，从而达到将元器件焊接到印制电路板上的目的。其工艺流程如图3-22所示。

在工艺流程中，可以使用手工、半自动或自动丝网印刷机，像油印一样将糊状焊膏（由锡铅焊料、黏合剂和抗氧化剂组成）印到印制电路板后，再将元器件与印制电路板粘接，然后在加热炉中将焊膏加热到液态。加热的温度根据焊膏的熔化温度准确控制（一般锡铅合金焊膏的熔点为223℃）。在整个焊接过程中，印制电路板需经过预热区、再流焊区和冷却区。焊接完毕经测试合格后，还应对电路板整形、清洗、烘干并涂覆防腐剂。

图3-22　再流焊工艺流程

（一）再流焊主要设备

再流焊的设备主要包括焊锡膏印刷机、元器件贴片机和再流焊机。检测设备包括自动光学检测仪和X射线光检测仪。

1. 焊锡膏印刷机

焊膏印刷机主要由网板、刮刀、印刷工作台等构成，如图3-23所示。首先将网板和印制电路板定位后，在网板上涂上足量的焊锡膏，对刮刀施加压力，同时移动刮刀使焊锡膏滚动，把焊锡膏填充到网板的开口位置。进而利用含高的触变性和粘附性，通过网孔把焊锡膏转印到印刷电路板上。

2. 元器件贴片机

元器件贴片机通过吸取—位移—定位—放置等功能，在不损伤元器件和印制电路板的情况下，实现了将SMC或SMD快速而准确地贴装到PCB所指定的漏印好焊膏的对应焊盘上。

元器件贴片机的工作流程框图如图3-24所示。

焊锡膏

网板
a)

乱刀 b) 印刷工作台

图 3-23 焊锡膏印刷机内部工作图

图 3-24 元器件贴片机的工作流程框图

元器件贴片机是计算机控制的自动化生产设备，由软件和硬件系统组成。软件系统是进行贴片之前编制的程序。贴装过程就是按照贴片程序进行贴片，如果程序中坐标数据不精确，贴装精度再高的贴片机也不能保证贴装质量。因此贴片程序编制的好坏直接影响贴装精度和贴装效率。

元器件贴片机的硬件系统由机架、X-Y 运动机构(滚珠丝杆、滚动直线导轨、驱动电机)、贴装头、元器件供料器、PCB 承载机构、器件对中检测装置、计算机控制系统组成，整机的运动主要由 X-Y 运动机构来实现，通过滚珠丝杆传递动力，由滚动直线导轨实现定向运动，这样的传动形式不仅其自身的运动阻力小、结构紧凑，而且较高的运动精度有力地保证了各元器件的贴装位置精度。

3. 再流焊机

再流焊机主要应用于贴装好表面安装元器件的印制电路板的焊接。它利用加热的方式，将印制板焊盘上的膏状焊料重新熔化，从而使表面贴装的元器件和 PCB 焊盘通过焊锡膏合金可靠地给合在一起。

再流焊按照加热方式的不同，可以分为汽相再流焊、红外再流焊、热风再流焊、热板加热再流焊和激光再流焊等类型。其中，热风再流焊使用得最多，其使用设备名称为热风再流焊机，其内部温区结构如图 3-25 所示。

再流焊机的结构主体是一个热源受控的隧道式炉膛，沿传送系统的运动方向设有若干独立控温的温区，各温区通常设定为不同的温度。全热风对流再流焊机一般采用上、下两层的双加热装置，电路板随传动机构直线匀速进入炉膛，顺序通过各个温区，完成焊点的焊接。

4. 自动光学检测仪

再流焊接完成的印制电路板，还要经过测试才能保证焊接的质量。

图 3-25　热风再流焊机内部温区结构

自动光学检测仪（Automatic Optic Inspection, AOI）是一种新型的测试仪，它主要针对可见的元器件缺漏检查、元器件识别、SMD 方向检查、焊点检查、引线检查、反接检查等。

AOI 的结构由工作台、CCD 摄像系统、机电控制及系统软件四大部分构成。在进行检测时，AOI 的工作原理实质上就是将所摄取的图像进行数字化处理，然后与预存的标准进行比较，经过分析判断，发现缺陷并进行位置提示，同时生成图像文字，待操作者进一步的确认或送检修台检修。AOI 工作过程如图 3-26 所示。

AOI 系统的不足之处是只能进行图形的直观检验，检测的效果依赖系统的分辨率，它不能检测不可见的焊点和元器件。

图 3-26　AOI 工作过程

5. X 射线光检测仪

对于 PLCC（J 型引脚）、BGA（球栅阵列）等封装的芯片，焊点在元器件的下面，用人眼和 AOI 系统都不能检验，只能用 X 射线检测法。X 射线具有很强的穿透性，当射线照射到元器件内部时，不同的物质对射线的吸收率不同，穿透的射线强度也不同，从而可重新成像。

X 射线光检测仪的工作过程是 X 射线管产生 X 射线，穿过管壳内的一个铍窗，投射到印制电路板上。印制电路板上的元器件对 X 射线的吸收率因其材料的成分与比例不同而不同。穿过元器件的 X 射线被摄像机探测到后产生信号，通过增强器对该信号进行处理放大，通过图像分析软件进行分析处理后由计算机进行成像。如图3-27所示。

图 3-27　X 射线光检测仪工作过程

（二）红外热风再流焊

红外热风再流焊机是目前较为理想的加热方式。这类设备充分利用了红外线穿透力强的特点，热效率高，节电，同时有效地克服了红外再流焊的温差和遮蔽效应，并弥补了热风再流焊对气体流速要求过快而造成的影响，因此红外热风再流焊目前在国际上使用得最普遍。

随着组装密度的提高、精细间距组装技术的出现，还出现了氮气保护的再流焊机。在氮气保护条件下进行焊接可防止氧化，提高焊接润湿力，加快润湿速度，对未贴正的元器件矫正力度大，焊珠减少，更适合于免清洗工艺。

（1）温度曲线的建立 温度曲线是指表面安装组件（Surface Mount Assembly，SMA）通过回流炉时，SMA上某一点的温度随时间变化的曲线。温度曲线提供了一种直观的方法来分析某个元器件在整个再流焊过程中的温度变化情况。这对于获得最佳的焊接性，避免由于超温而对元器件造成损坏，以及保证焊接质量都非常有用。如图3-28所示为再流焊温度变化典型曲线。

图3-28 再流焊温度变化典型曲线

（2）温度曲线的分析 下面对温度曲线进行简要分析。

1）预热段。该区域的目的是把室温的PCB尽快加热，以达到第二个特定目标（预热温度），但升温速率要控制在适当范围以内，如果过快，会产生热冲击，电路板和元器件都可能受损；过慢，则溶剂挥发不充分，影响焊接质量。由于加热速度较快，在温区的后段SMA内的温差较大。为防止热冲击对元器件的损伤，一般规定最大速度为4℃/s。通常温度上升速率设定为1～3℃/s，典型的升温速率为2℃/s。

2）保温段。保温段是指温度从120～150℃升至焊膏熔点的区域。其主要目的是使SMA内各元器件的温度趋于稳定，尽量减少温差。在这个区域里给予足够的时间使较大元器件的温度赶上较小元器件，并保证焊膏中的助焊剂得到充分挥发。到保温段结束，焊盘、焊料球及元器件引脚上的氧化物被除去，整个电路板的温度达到平衡。应注意的是SMA上所有元器件在这一段结束时应具有相同的温度，否则进入到再流焊段将会因为各部分温度不均产生各种不良焊接现象。

3）再流焊段。在这一区域里加热器的温度设置得最高，使组件的温度快速上升至峰值温度。在再流焊段其焊接峰值温度视所用焊膏的不同而不同，一般推荐为焊膏的熔点温度加20～40℃。对于熔点为183℃的63Sn/37Pb焊膏和熔点为179℃的Sn62/Pb36/Ag2焊膏，峰值温度一般为210～230℃，再流焊时间不要过长，以防对SMA造成不良影响。理想的温度曲线是使超过焊锡熔点的"尖端区"覆盖的面积最小。

4）冷却段。这段中焊膏内的铅锡粉末已经熔化并充分润湿被焊物表面，再流焊机应该用尽可能快的速度来进行冷却，这样将有助于得到明亮的焊点并有好的外形和低的接触角度。如果冷却速度较慢，会导致电路板焊盘上的金属物质过多地分解融入锡中，从而产生灰暗毛糙的焊点，在极端的情形下，还能引起沾锡不良和减弱焊点结合力。冷却段降温速率一般为3~10℃/s，冷却至75℃即可。

四、其他焊接方法

除了上述几种焊接方法以外，超声波焊、热超声金丝球焊、机械热脉冲焊也应用到了微电子元器件组装中。特别是新发展起来的激光焊，能在几毫秒的时间内将焊点加热到熔化温度实现焊接，热应力影响极小，可以同锡焊相比，是一种很有潜力的焊接方法。

随着微处理技术的发展，微机控制的焊接设备已应用到了电子焊接中，如微机控制电子束焊接。还有一种光焊技术，采用光敏导电胶代替剂，将电路芯片粘在印制电路板上用紫外线固化焊接，已应用在MOS集成电路的全自动化生产线上。

今后，随着现代电子工业的不断发展，传统的焊接方法将不断被改进和完善，而新的高效率的焊接方法也将不断涌现。

第六节　无铅焊接的工艺技术与设备

电子产品制造业实施无铅化过程需面临以下问题：1）焊料的无铅化；2）元器件及PCB的无铅化；3）焊接设备的无铅化。

一、焊料的无铅化

到目前为止，全世界已报道的无铅焊料成分有近百种，但真正被行业认可并被普遍采用是Sn-Ag-Cu三元合金，也有采用多元合金（添加In、Bi、Zn等成分）。现阶段国际上是多种无铅合金焊料共存的局面，给电子产品制造业带来成本的增加，出现不同的客户要求不同的焊料及不同的工艺等问题，未来的发展趋势将趋向于统一的合金焊料。无铅焊料特点如下：

1）熔点高，比Sn-Pb共晶焊料高约30℃。

2）延展性有所下降，但不存在长期劣化问题。

3）焊接时间一般为4s左右。

4）拉伸强度初期强度和后期强度都比Sn-Pb共晶焊料优越。

5）耐疲劳性强。

6）对助焊剂的热稳定性要求更高。

7）高Sn含量，高温下对Fe有很强的溶解性。

无铅焊料的特性决定了新的无铅焊接工艺及设备。

二、元器件及PCB的无铅化

在无铅焊接工艺流程中，元器件及PCB镀层的无铅化技术相对要复杂，涉及领域较广，这也是国际环保组织推迟无铅化进程的原因之一，在将来的一段时间内，无铅焊料将与Sn-Pb的PCB镀层共存，会带来"剥离(Lift-Off)"（产生的原因在于冷却过程中,焊料合金的冷却速率与印制电路板的冷却速率不同所致)等焊接缺陷,设备厂商不得不从设备上克服这种现象。另外对 PCB 制作工艺的要求也相对提高,PCB 及元器件的材质耐热性要更好。

三、焊接设备的无铅化

(一) 无铅化手工焊接

1. 焊接工具——电烙铁

(1) 低成本空心电烙铁 此类电烙铁一般由两芯功率电缆直接与带有固定输出功率的加热单元相连。由于烙铁头未接地,因此不适宜焊接对静电敏感的电子元器件。此外由于加热单元和烙铁头无法更换,损坏之后只能废弃。

(2) 非可调电压专业烙铁 基本原理与(1)中烙铁相同,有二芯、三芯电缆,加热单元和烙铁头可更换,烙铁头、形状、功率可选。

(3) 变压器供电的焊接工作台 可调电压、可防静电。

(4) 迷你电烙铁 为了适应小型元器件而产生,特点是烙铁头相当细小。

(5) 大功率烙铁 功率在 100W 以上,烙铁头温度高,体积大,要防止着火。

2. 焊接的注意事项

1) 电烙铁的功率一般为 60W 以上,70W/75W 最为合适。一般而言,烙铁头的温度要高于焊料熔点 150℃,因此无铅手工焊接中烙铁头温度要在 370 ~ 440℃。

2) 建议使用恒温烙铁,这样既能保证足够的焊接温度,又不会因烙铁头过热损伤烙铁。同时,烙铁头过热会导致严重飞溅问题。

3) 无铅焊料中含锡量相当高,一般在 95% 以上,而高锡含量的无铅锡焊料对烙铁头的腐蚀相对严重。建议使用带有有效防护镀层的烙铁头。

4) 用于无铅焊接的电烙铁必须具有很好的回温性能,这一点对于 IC 引脚的拖焊非常重要。

(二) 无铅化浸焊

浸焊主要用于线材、电子元器件引脚上锡,也有一部分印制电路板的组装用浸焊工艺。

浸焊工艺相对简单,但要注意以下 5 点:

1) 无铅浸焊时锡炉的温度一般设定为 260 ~ 280℃,在变压器浸锡等条件下依据工艺要求不同,锡炉温度应设定为 380 ~ 470℃。

2) 影响浸焊质量的一个主要问题是助焊剂的挥发问题。

3) 焊料的氧化问题。

4) Cu 的溶解问题。众所周知无论是线材、电子元器件的引脚,还是印制电路板上的焊盘都含有大量的铜。在浸焊过程中其上面的铜在熔融焊料中溶解,较细的线材引脚直径变小或熔断。

5) 无铅浸焊最大问题在于 Cu 的熔解带来的 CuSn 金属间化合物的清除问题。这一方面与 Sn-Pb 焊料相比会带来意想不到的困难。Cu 与 Sn 形成 Cu_6Sn_5 金属间化合物,其熔点在 500℃ 以上。$Sn_{63}Pb_{37}$ 密度为 $8.80g/cm^3$,Cu_6Sn_5 密度为 $8.28g/cm^3$,无铅焊料密度是 $7.40g/cm^3$。在无铅焊接中 Cu_6Sn_5 容易沉积在锅底造成传热不良,所以要求平均一个月清炉 1 次。

(三) 无铅波峰焊

与传统的波峰焊机相比,无铅波峰焊机在结构上和性能上有下列不同的改进。

1. 预热及加热温度提高，温控精度高

由于无铅焊料熔融温度比有铅焊料高 30℃ 以上，这就要求波峰焊机的预热温度和锡炉温度升高。预热时间一般为 1~3min，PCB 传送速度为 1.2m/min，预热区长度大于 1.4m，一般分为两段预热。元器件预热区在 130~150℃（焊接面），保温区为 150~170℃（10~30s），焊接区焊接温度为（250±2）℃（实测元器件焊点温度 230℃ 以上）。为此波峰焊机的预热区通常采用热板式、高温烧结陶瓷管或远红外发热管加热方式，预热区的温度控制采用 PID 方式加模拟量调压调相方式，温度精度控制在 ±2℃ 以内。

2. 锡炉喷口结构改进

要求焊接时焊料浸润时间不小于 4s。采用双波峰焊接，第一波峰为通常的絮流波，第二波峰为层流宽平波。采用加宽波峰口，减小波峰口间距的设计方案，两波峰口之间距离为 60mm 左右，使两波之间的焊锡相距 30mm 左右。焊接时两波峰之间的温度跌落（下降）最大不超过 50℃。

3. 焊锡防氧化与锡渣分流

无铅焊料的高含锡量使焊料更容易氧化，控制焊锡氧化成为无铅焊接时的重要问题。采取的主要措施如下：

1）采用新型喷口结构和锡渣分离设计，尽量减少锡渣中的含锡量，在正常工作情况下可使锡的氧化渣量减少到每 8min 低于 2kg。

2）氧化渣自动聚积的流向设计，波峰上无漂浮的氧化锡渣，无须淘渣，减少维护。

3）要彻底减少氧化渣的形成，最好采用氮气保护。在 200℃ 以上时，焊盘容易氧化，氧化膜的厚度随温度的升高快速增加，可能出现焊料润湿性变差，影响焊接质量。氮气保护首期投资较大，但从质量和经济性长远考虑，最终还是划算的。

4. 增加抗腐蚀性措施

无铅焊料在高温下，锡对铁有较强的溶解性。传统的波峰焊机的不锈钢焊料槽及锡汞和喷口会逐渐腐蚀，特别是叶片、喷口等更容易损坏。如果无铅焊料中含有锌（Zn），则更易使其氧化。因此无铅焊接的波峰焊机的这些部位应当采用钛合金制造，才可避免腐蚀损坏。

5. 助焊剂和助焊剂喷涂系统

无铅焊接时，最好采用专为无铅焊接研制的免清洗助焊剂，该助焊剂固体含量低、不含卤素、挥发完全，也不含任何树脂、松香和其他合成物质，焊后无残留物。晶英公司生产的免清洗助焊剂 IF2005C，专为无铅焊接研制，对于大部分难以焊接的表面有极好的焊接性能，焊后无残留物。在焊接 HAL（热风焊锡整平）、OSP（环氧有机镀层）、镍金及化学镀锡表面时，焊接可靠性极高。

助焊剂最好使用助焊剂喷涂系统，采用喷雾法进行焊剂的喷涂。助焊剂喷涂系统具有一个密闭式的增压恒压罐，内装助焊剂。喷嘴采用步进伺服电动机驱动，微机控制，是一个喷涂速度、喷涂宽度和喷涂量可调的自动跟踪系统。助焊剂回收采用上下抽风、两级不锈钢丝网过滤，上部过滤网倾斜，利用流体特性最大限度地过滤收回多余的助焊剂。该系统适合各种无 VOC（挥发性有机化合物）环保助焊剂的喷涂。

6. 温度控制精度提高

原来使用有铅焊料时，熔融温度为 183℃，达到焊接温度 250℃（实测元器件焊点温度

210℃左右），工艺窗口宽度为67℃。无铅焊接时无铅焊料的熔融温度提高到210℃以上。由于元器件耐热性的限制，焊接温度仍旧为250℃，使其焊接区的工艺窗口变窄。这就要求波峰焊机的温度的控制精度提高到±2℃。传统波峰焊机采用温度表方式控温，原理为通断模式（ON-OFF），温度控制精度低。新的无铅波峰焊机有的厂家采用PID加模拟量调压控制方法，可减少温度冲击，达到较高的温控精度。焊料槽的温控精度最低应达到±2℃。

7. 控制冷却速率

在推广过渡阶段，无铅焊料势必与某些元器件及印制电路板上的有铅涂层共同存在。由于无铅焊料液相线和固相线温差较大，其冷却速率与印制电路板的冷却速率不同，导热系数大的插装元器件引线和焊盘附近先凝固，焊料产生热收缩，而使最后凝固的低熔点焊料在靠近焊盘一侧发生剥离，出现无铅焊料的焊点与印制电路板焊盘相剥离现象。若采用含Bi的无铅焊料这种现象可能更为突出。为避免这一现象，在波峰焊机的出口处加装冷却装置。一般采用自然风强制冷却，冷却速率在6～8℃/s或8～12℃/s，根据具体情况确定。

8. 波峰焊接温度曲线优化

对于有铅波峰焊来说，Sn63-Pb37焊料熔化温度为183℃，焊接峰值温度为250℃，其工艺窗口为67℃。对于无铅波峰焊来说，Sn95.5-Ag4.0-Cu0.5无铅焊料熔化温度为215～220℃，焊接峰值温度为250℃，其工艺窗口为30℃。而要达到焊料的良好湿润性，元器件端头及印制电路板焊盘处的实际温度必须达到230℃以上，才能实现有效地焊接，这样其有效的工艺窗口仅为20℃。小型元器件经过预热区，再经过焊接区峰值温度，很容易就可达到230℃。但大型元器件的温度这时远远未达到，这就需要延长预热时间，以便降低元器件之间的温度差，使大型元器件经过焊接区峰值温度时，其焊点的温度也能达到230℃，所以，无铅波峰焊机的预热区要比普通波峰焊机长得多。

图3-29是无铅焊接的波峰焊接温度曲线，除了需要有足够的预热时间、预热温度和焊接时间外，焊接时波峰的峰值温度与预热温度之差小于150℃（$T3-T1 < 150℃$）。

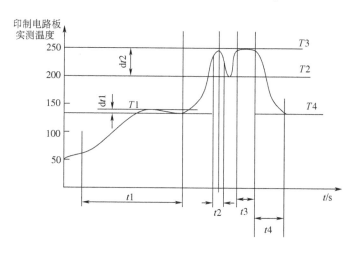

图3-29 无铅焊接的波峰焊接温度曲线

特别要注意以下温度点：

1）从预热段到焊接前的温度跌落（下降）最大小于5℃（$dt1 < 5℃$）。

2）两波峰焊接之间的温度跌落最大小于50℃（d$t2$<50℃，高可靠性产品 d$t2$<30℃）。

3）两波峰焊接时间之和一般为4s，不得小于3s（$t2$＋$t3$>3s）。

（四）无铅再流焊工艺

向无铅技术转变时，波峰焊工艺首先向无铅印制电路板和元器件转变，而后向无铅焊料转变（会带来润湿角上升），而再流焊则无此必要。以锡、银、铜无铅焊料为例，焊接再流焊曲线的设定为：

1）预热区：从室温升到150℃，升温速度为2～4℃/s，快速升温容易引起焊料塌角的崩沸。

2）保温区：即预热部分，此时基板上温度差 ΔT 最小。温度一般从150℃上升到180℃，需2～3段（60～90s），该段担负着激发助焊剂活性，去除氧化膜的任务。为保证加热均匀，不致在高温区过热，应采用3段（大约为90s）。

3）再流焊区：180～235～217℃，应设2段（60s），峰值区时间大约为20s，再流焊的最低温度等于焊料的液相线加上10℃，再流焊最高温度等于再流焊最低温度加上基板内温度差 ΔT，为保证在峰值温度前后，元器件受热均匀，避免局部过热，必须设置2段（60s），这样可以把峰值温度作为平台形成温度曲线。

4）冷却区：按1.5～20℃/s的速度降温，应设2段（60s），工作段数增加，速度相对放慢，所以元器件等受热时间延长，增加了氧化作用的影响，这是必须解决的另一个问题，最有效的方法是在保温区、再流焊区等温度较高的工作区段，充氮气强制循环，降低氧气的浓度以减轻氧化作用的产生，一般控制氧的浓度在500×10^{-6}以下。

冷却问题：焊好的组件离开再流焊区后，将被进行急速冷却，区段的温度不高于150℃，要有风扇使空气强制对流冷却。

第七节　表面安装技术

表面安装技术是一门包括电子元器件、装配设备、焊接方法和装配辅助材料等内容的系统性综合技术，是突破了传统的印制电路板（PCB）通孔基板插装元器件方式，并在此基础上发展起来的当前最热门的电子组装技术。

目前使用的通孔安装技术（THT），由于元器件有引脚，当电路密集到一定程度时，会产生引脚间相互接触的短路故障，并且元器件的引脚还可成为天线干扰其他电路。因此，采用表面安装技术具有以下优点：

（1）高密集　SMC、SMD的体积只有传统元器件的1/3～1/10左右，可以装在PCB的两面，有效利用了印制电路板的面积，减轻了电路板的重量。采用SMT后可使电子产品的体积缩小40%～60%，重量减轻60%～80%。

（2）高可靠　SMC和SMD无引脚或引脚很短，重量轻，因而抗震能力强，失效率可比THT至少降低一个数量级，大大提高产品可靠性。

（3）高性能　SMT的密集安装减小了电磁干扰和射频干扰，尤其高频电路中减小了分布参数的影响，提高了信号传输速度，改善了高频特性，使整个产品性能提高。

（4）高效率　SMT更适合自动化大规模生产。采用计算机集成制造系统（CIMS）可使整个生产过程高度自动化，将生产效率提高到新的水平。

（5）低成本 SMT 使 PCB 面积减小，成本降低；无引脚和短引脚使 SMD、SMC 成本降低；安装中省去引脚成型、打弯、剪线等工序；频率特性提高，减小调试费用；焊点可靠性提高，减小调试和维修成本。采用 SMT 可使总成本下降 30% 以上。

一、SMT 的安装方式

由于电子产品的多样性和复杂性以及包括经济因素在内的种种原因，目前和未来的一段时期内，表面安装方式还不能完全取代通孔安装，在实际生产中主要存在三种装配方式。

（1）全部采用表面装配 印制电路板上没有通孔插装元器件，各种 SMC 和 SMD 均被贴装在印制电路板的一面或两面，如图 3-30a 所示。

a) 全部采用表面装配

（2）混合装配 在印制电路板的 A 面（也称"元器件面"）上既有通孔插装元器件，又有各种表面贴装元器件；在印制电路板的 B 面（也称"焊接面"）上，只装配体积较小的表面贴装元器件。如图 3-30b 所示。

b) 混合装配　　c) 两面分别装配

（3）两面分别装配 在印制电路板的 A 面上只装配通孔插装元器件，而表面贴装元器件贴装在印制电路板的 B 面，如图 3-30c 所示。

图 3-30 三种 SMT 装配方式

第一种装配结构充分体现出 SMT 的技术优势，这种印制电路板的体积最小，价格最低，但后两种混合装配的印制电路板也会长期存在，因为某些元器件至今不能采用表面装配形式。从印制电路板的装配焊接工艺来看，第三种装配结构除了要使用黏合剂把 SMT 元器件粘贴在印制电路板上外，其余元器件和传统通孔插装方式区别不大，可以利用现已普及的波峰焊设备，而前两种需要采用再流焊设备。

二、SMT 的工艺流程

SMT 的基本工艺主要取决于所采用的焊接方式。

（一）SMT 波峰焊工艺流程

印制电路板采用波峰焊的工艺流程如图 3-31 所示。

图 3-31 SMT 波峰焊工艺流程

（1）安装印制电路板 将制作好的印制电路板固定在带有真空吸盘、板面有 XY 坐标的台面上。

（2）点胶 采用手动、半自动或全自动点胶机，将黏合剂点在 SMB 上元器件的中心位置，要避免黏合剂污染元器件的焊盘。

（3）贴装 SMT 元器件 采用手动、半自动或全自动贴片机，把 SMC、SMD 贴装到 SMB 规定的位置上，使它们的电极准确定位于各自的焊盘。

（4）烘干固化 用加热或红外线照射的方法，使黏合剂固化，把表面贴装元器件比较牢固地固定在印制电路板上。

（5）波峰焊接　用波峰焊机焊接。在焊接过程中，由于表面贴装元器件浸没在熔融的锡液中，所以，表面贴装元器件应具有良好的耐热性能，并且黏合剂的熔化温度要高于焊锡的熔点。

（6）清洗　用超声波清洗机去除 SMB 表面残留的助焊剂，防止助焊剂腐蚀电路板。

（7）检测　用专用检测设备对焊接质量进行检验。

SMT 波峰焊的示意图如图3-32 所示。

图 3-32　SMT 波峰焊示意图

（二）SMT 再流焊工艺流程

印制电路板采用再流焊的工艺流程如图 3-33 所示。

图 3-33　SMT 再流焊工艺流程

（1）制作焊膏丝网　按照表面贴装元器件在印制电路板上的位置及焊盘的形状，制作用于漏印焊膏的丝网。目前，多数采用不锈钢模板取代丝网，提高了精确度和使用寿命。

（2）丝网漏印焊膏　把焊膏丝网（或不锈钢模板）覆盖在印制电路板上，漏印焊膏。要精确保证焊膏均匀地漏印在元器件的电极焊盘上。

（3）贴装 SMT 元器件　采用手动、半自动或全自动贴片机，把 SMC、SMD 贴装到 SMB 规定的位置上，使它们的电极准确定位于各自的焊盘。

（4）再流焊　用再流焊接设备进行焊接，在焊接过程中，焊膏熔化再次流动，充分浸润元器件和印制电路板的焊盘，焊锡溶液的表面引力使相邻焊盘之间的焊锡分离而不至于短路。

（5）清洗　用超声波清洗机去除 SMB 表面残留的助焊剂，防止助焊剂腐蚀电路板。

（6）检测　用专用检测设备对焊接质量进行检验。

图 3-34　SMT 再流焊的示意图

SMT 再流焊的示意图如图3-34所示。

三、贴片元器件的手工焊接与拆焊方法

前面所述为专业工厂的生产方法，对于业余爱好者和维修人员来讲，一般只采用电烙铁手工操作，故要求操作者应具有熟练使用电烙铁的能力。手工焊接在无专业设备的情况下，

对产品的开发试制和维修，都有着重要意义。

（一）贴片元器件的手工焊接

贴片元器件的焊接与插装元器件的焊接不同，后者是通过引脚插入通孔，焊接时不会移位，且元器件与焊盘分别在印制电路板的两侧，焊接比较容易。贴片元器件在焊接过程中容易移位，焊盘与元器件在印制电路板的同一侧，焊接端子形状不一，焊盘细小，焊接技术要求高。因此，焊接时必须细心谨慎，提高精度。

1. 一般贴片元器件的手工焊接

贴片元器件手工焊接示意图如图 3-35 所示，主要包括以下几个步骤：

图 3-35　贴片元器件手工焊接示意图

1）用镊子夹住待焊元器件，放置到印制电路板规定的位置，元器件的电极应对准焊盘，此时镊子不要离开。

2）另一只手拿电烙铁，并在烙铁头上沾一些焊锡，对元器件的一端进行焊接，其目的在于将元器件固定。元器件固定后，镊子可以离开。

3）按照分立元器件点锡焊的焊接方法，焊接元器件的另一端。焊好后，再回到先前焊接的一端进行补焊。焊接完成后，标准焊点如图 3-35f 所示。

焊接时，电烙铁的功率为 25W 左右，最高不超过 40W，且功率和温度最好是可调控的；烙铁头要尖，带有抗氧化层的长寿烙铁头为最佳。焊接时间（电烙铁、焊锡和元器件电极接触时间）控制在 3s 内，所用焊锡丝直径为 0.6 ~ 0.8mm，最大不超过 1.0mm。

2. SOP 封装集成电路的手工焊接

小外形封装（Small Out – Line Package, SOP）集成电路可采用电烙铁拉焊的方法进行焊接。拉焊时应选用宽度为 2.0 ~ 2.5mm 的扁平式烙铁头和直径为 1.0mm 的焊锡丝，其步骤如下：

1）检查焊盘，焊盘表面要清洁，如有污物可用无水乙醇擦除。

2）检查 IC 引脚，若有变形，用镊子仔细调整。

3）将 IC 放在焊接位置上，此时应注意 IC 的方向，且各引脚应与其焊盘对齐，然后用点锡焊的方法先焊接其中的一两个引脚将其固定。当所有引脚与焊盘位置无偏差时，方可进行拉焊。

4）一手持电烙铁由左至右对引脚焊接，另一只手持焊锡丝不断加锡，最后将引脚全部焊好。手工拉焊示意图如图 3-36 所示。

拉焊时，烙铁头不可触及器件引脚根部，否则易造成短路，并且烙铁头对器件的压力不

图 3-36　手工拉焊示意图

可过大，应处于"漂浮"在引脚上的状态，利用焊锡张力，引导熔融的焊珠由左向右徐徐移动。拉焊过程中，电烙铁只能往一个方向移动，切勿往返，并且焊锡丝要紧跟电烙铁，切忌只用烙铁不加锡丝，否则容易造成引脚大面积短路。若发生短路，可从短路处开始继续拉焊，也可用电烙铁将短路点上的多余锡引渡下来，或用尖头镊子，从熔融的焊点中间划开。

（二）贴片元器件的手工拆除

对于片状电阻、电容、二极管和晶体管等元器件，由于其引脚较少，可采用电烙铁、吸锡线与镊子配合拆除，方法是：首先将吸锡线放在元器件一端的焊锡上，用电烙铁加热吸锡线，吸锡线自动将焊锡吸走。然后再用电烙铁加热元器件的另一端，同时用镊子夹着贴片元器件并向上提，即可将贴片元器件拆卸下来，最后用吸锡线清理焊盘，如图 3-37 所示。

图 3-37　贴片元器件手工拆除示意图

对于引脚较多的 SOP 封装贴片 IC，拆卸起来相对费时要多些。首先在 IC 的一边引脚上加足够多的焊锡，使之形成锡柱；然后用同样的方法在另一边引脚上也形成锡柱；再用烙铁在锡柱上加热，待锡柱变成液态状时，即可用镊子将 IC 取下；最后用吸锡线清理焊盘。有条件的，可采用热风枪加热后直接拆除。

本 章 小 结

焊接通常分为熔焊、钎焊和接触焊三大类。钎焊按焊料熔点的不同分为硬钎焊和软钎焊，锡焊属于软钎焊。锡焊具有熔点低、适用范围广、容易形成焊点、操作简便等特点，在电子产品的焊接中占有主要地位。

焊接的机理为焊料在金属表面的润湿、焊料的扩散、生成牢固的合金层三个阶段。因为铅对人体的危害和对环境的破坏，世界各国开始重视无铅焊料的使用。当今主要使用的有 Sn-Ag 系、Sn-Cu 系、Sn-Zn 系、Sn-Bi 系无铅焊料。

焊接常用的工具有内热式电烙铁、外热式电烙铁、恒温式电烙铁、吸锡烙铁、热风枪等。使用烙铁焊接有正握法、反握法和握笔法等不同握法。

手工焊接操作步骤：加热被焊物→熔化焊料→移开焊锡丝→移开电烙铁。

无铅助焊剂并不是指助焊剂本身没有或不含铅，而是指针对无铅焊接工艺所设计与研发的助焊剂。传统助焊剂用在无铅焊料的焊接时，表现出来的耐高温性能较差，润湿性能不够。所以无铅助焊剂的选用非常重要。

表面安装的焊接工艺有波峰焊接工艺和再流焊接工艺，以及手工焊接和拆焊工艺。

习 题 三

1. 什么叫焊接？锡焊有哪些特点？

2. 简述焊接的机理。

3. 电烙铁有几种手握形式？

4. 优良焊点的形成应具备哪些条件？

5. 什么叫无铅焊料，它具备哪些优点？

6. 助焊剂在焊接过程中如何起作用？电子装配中对助焊剂有什么要求？

7. 简述手工焊接的步骤及焊接形式的分类。

8. 简述焊接缺陷及原因。

9. 什么叫无铅助焊剂？使用它替代传统助焊剂的原因是什么？

10. 表面安装技术有哪些特点？

11. 什么是 SMT 技术？它有哪两大类工艺？简述它们的内容。

12. 与传统的波峰焊机相比，无铅波峰焊机在结构上和性能上有哪些改进？

13. 与普通再流焊机相比，无铅再流焊机有哪些改进？

第四章

电子产品的防护与电磁兼容

电子产品工作于各种复杂的环境中，为了确保其可靠地工作，在电子产品设计时，必须采取各种防护措施，以增强电子产品适应各种工作环境的能力。

第一节 电子产品的防护与防腐

电子产品的防护与防腐设计是针对电子产品的使用环境而采取的防护措施。

一、防潮湿、防盐雾、防霉菌设计

潮湿空气进入电子产品，会在元器件和部件表面形成一层水膜，当水分子渗入绝缘材料内部时，会使其遭受不同程度的溶胀、变形、强度降低及机械性破损，从而使其绝缘强度下降，或发生漏电、短路以至完全失效。大气中存在的盐雾（带盐分的湿气）对金属及金属镀层有很强的腐蚀作用，即使是不锈钢，暴露在盐雾的大气中也会很快发生锈蚀。另外，盐雾会在电子产品的零部件和元器件表面上蒸发析出盐粒，使绝缘强度下降，造成短路漏电等故障。还有，在一定的温度下，潮湿的环境有利于霉菌的生长及繁殖，导致非金属材料的强度下降，甚至霉烂。因此对在潮湿环境中使用的电子产品，尤其是在船舶上使用的电子产品，必须采用适当的措施，进行防潮湿、防盐雾、防霉菌设计。

1. 防潮湿设计

（1）合理选材 选用耐腐蚀、耐湿、化学稳定性好的材料及元器件。

（2）表面处理

1）表面涂覆：具体可采用电镀、表面涂漆等。

2）浸渍或蘸渍：将被处理的元器件和材料浸入不吸湿的绝缘漆中，经过一段时间后，绝缘漆进入元器件和材料的空隙、小孔中，并在表面形成保护膜。

（3）憎水处理 用硅有机化合物蒸汽处理元器件、零件等，使其表面形成憎水性的聚硅烷膜。

（4）灌封 用热熔状态的树脂、橡胶等浇注元器件本身或元器件与外壳间的空间或引线孔，冷却后自行固化封闭。如变压器的灌封、元器件的硅凝胶无壳灌封等。

（5）闭封 将元器件和零件等安装在不透气的密封盒中，内放干燥剂或充干燥空气，还可在密封结构中安放加热装置，使构件温度接近周围空气温度，或控制凝露点等。但此做法造价较高，工艺复杂，因此设计时密封面积应尽可能小。

（6）其他措施 定期通电加热驱除潮气，用吸潮剂吸除潮气等。

2. 防盐雾设计

（1）电镀和表面涂漆　这里要强调的是，因盐雾比潮气的危害更大，因此对作为防盐雾的镀层要求更高。如对其镀层的电镀工艺要求更严格，并且要选择适当的镀层种类及镀层厚度。

（2）合理选择使用场所　因为盐雾的影响主要在离海岸约400m远、高度约150m的范围内，所以海岸设备可置于远离海岸1km以上，以减少盐雾的影响。若把电子设备放置在室内、船舱内或装备车内使用，便可基本消除盐雾的影响。

3. 防霉菌设计

（1）合理选材　尽量选用抗霉材料，如用玻璃纤维、石棉、云母、石英等为填料的塑料和层压材料，绝缘漆选用环氧树脂漆等。

（2）密封防腐　将产品严格密封，并加入干燥剂可很好地防腐。

（3）控制环境条件防腐　如降低温度、降低湿度、良好通风。

（4）防霉处理　当不得不使用耐霉性差的材料时，必须用防霉剂对这些材料进行防霉处理，以抑制细菌生长。

（5）定期杀霉菌　利用足够强的紫外线照射易霉变的元器件等，消灭霉菌。

二、防尘设计

由于人类对自然环境的破坏，使得大气污染日趋严重，尤其是我国北方地区的沙尘暴，对电子产品产生了很大的影响。大气中的尘埃、微粒表面粗糙，吸湿性很强，当它们降落在金属表面上时，由于其吸湿性，很快就成为水珠的凝聚核心，加速了对金属的腐蚀。又由于尘埃中含有大量的水溶性盐，其在湿度增大的情况下，导电性很好，轻者使电子产品噪声增大，重者引起电子产品内部短路、拉弧，甚至烧坏元器件，造成重大事故。因此，防尘设计非常重要。

防尘措施：

1）把电子产品的机柜设计成密闭式，但此种方法影响散热。

2）把电子产品的各进出口设计成带有滤尘网的装置，既能防止灰尘进入电子产品中，又不影响散热。滤尘网应经常擦洗，以防止沉积灰尘太多。

3）电子产品所在的房间要经常清扫，必要时，可增设吸尘装置。

三、防腐设计

防腐设计是对金属部件和金属机壳采取的防止锈蚀的方法。

1. 发黑（发蓝）

在黑色金属上用化学方法形成一层黑色（或蓝色）的氧化膜叫发黑（或发蓝）。这层氧化膜具有一定的抗蚀能力。

2. 电镀

采用电镀的方法在需要保护的零部件表面涂覆一层耐腐性金属。常用的镀层材料有锌、铬、镉、镍、锡铅合金、铜等。为了提高镀层的防腐能力，对某些镀层可进行钝化处理。所谓钝化就是在电镀后的零部件表面生成一薄层钝化膜。适于钝化处理的镀层有锌、镉、铜等镀层。

3. 油漆涂覆

油漆不仅能起装饰作用，更重要的是它能对金属基体进行防腐保护。原因是漆膜将基体与外界的空气、水分及其他腐蚀性的物质(如酸、碱、盐、二氧化硫等)隔离,以防止化学和电化学腐蚀。另外,漆膜还有机械防护的作用。

第二节 电子产品的散热

电子产品中的绝大多数元器件的性能与温度有很密切的关系,实践证明,电子元器件的故障率随元器件的温度升高呈指数关系增加。当电子设备工作时,各元器件的温度会升高,若不能给它们及时散热,则将使电路的性能急剧下降,甚至烧毁。例如温度升高将导致半导体器件的击穿电压下降、电流放大倍数和反向漏电流迅速增加,元器件因内部温度进一步升高而损坏;温度升高导致电阻器的使用功率下降、电容器的使用寿命缩短、变压器绝缘材料的性能下降。因此,为了保证电子产品可靠、稳定地工作,在设计电子产品时,采取合理的散热措施即热设计是非常必要的。

所谓热设计,就是根据热力学的基本原理(热传递的三种形式:对流、传导及辐射)以及不同产品的特点,采用各种散热手段,控制温升,达到产品稳定运行的目的。

一、自然散热

自然散热经济可靠,是绝大多数电子产品采用的基本散热方式。

1. 通风孔

在机箱、机柜的各表面开凿通风孔,以提高电子产品自然对流换热效果。设计时应合理地设置通风孔的尺寸和位置,应使进风孔尽量低、出风孔尽量高(烟囱效应)。

2. 散热片

对于半导体功率器件,由于它们在运行中将产生大量的热,所以必须给它们加散热片,以增加其散热面积,使器件温度限制在额定范围以内。

3. 散热表面发黑处理

辐射是热传递的方式之一,提高散热表面的辐射系数,可大大增强散热效果。实践表明,辐射系数与散热表面的黑度有密切关系,因此一般机箱和散热片都应做发黑处理。

二、电子产品的强迫散热

在电子产品中,除自然散热外,还广泛地采用强迫散热。所谓强迫散热,即通过均匀送风或冷板技术,有效地将热量排出机外。强迫散热常用的类型有强迫风冷、强迫水冷、蒸发冷却。

1. 强迫风冷

这是一种有效的散热方式,在发热元器件多、温升高的大型设备中常被采用。通过吹风机或抽风机,加速机箱内的空气流动,达到散热目的。如微机中就装有微型电风扇,但风冷产生的噪音越来越令人厌烦。

2. 强迫水冷

强迫风冷的冷却工质是空气,而强迫水冷的冷却工质是液体,液体的导热效率比空气大得多,因此利用液体作冷却剂是一种更有效的冷却方法。目前,大功率发射管、大功率晶闸管等常使用液体冷却,噪音值低于 30dB 的水冷式散热,现已广泛应用于各种电子产品中。但液体冷却系统较复杂、投资较高、维修也较困难。

3. 蒸发冷却

蒸发冷却是利用液体在汽化时能吸收大量热能的原理来冷却发热的电子元器件的，其散热效率优于风冷、水冷。目前大功率发射机中的发射管和发热部件均采用蒸发冷却，但系统更复杂，价格也更高，维修更困难。

三、其他散热方法

除以上介绍的方法外，还有半导体制冷和热管散热等。

电子产品的散热只是热设计的一个重要方面，除此之外，对于那些对环境温度要求很严格的元器件(如石英晶体振荡器、热敏电阻等)，还必须同时采取热屏蔽和防热措施，以保证电子元器件能稳定工作。

四、热设计中的元器件布局及安装

1) 由于工作温度受设备的位置和设备内元器件安排的影响，所以为达到最优的热设计，元器件的配置和布局应遵循下述原则：

① 在强迫风冷单元内，设法沿着散热壁均匀地布置耗能元器件。

② 各耗能元器件间应尽可能具有大的间隔。

③ 热敏元器件不要紧挨发热元器件。

④ 采用自然对流冷却的设备，不要把元器件安置在大功耗元器件上方。

⑤ 热敏元器件应处于最冷区。例如，利用强迫对流的设备，热敏元器件应置于冷却剂入口端；利用自然对流冷却的设备，热敏元器件应置于底部；利用散热壁冷却的电路插件板，热敏元器件应置于插件板的边缘。

2) 在元器件安装中，热设计的目标是使壳体和散热器之间的热阻最小，因此元器件应遵循下列原则安装：

① 应把元器件直接装在散热板上。

② 应尽量减小元器件固定到模块或散热板上时所用的黏合剂的厚度。

③ 使所有传导通道面积和元器件与散热器间的接触面积最大，且接触表面平坦而光滑。

④ 使用具有高传导率的材料以便使传导热阻最小。例如，使用铜和铝等金属作为热传导通道和安装架。对于含有多层印制电路板的径流模块来讲，使用电镀通孔来减小通过电路板的传导热阻，这些镀铜孔称为热通道。

⑤ 功耗大于 2W 的电路插件板要求有一块铜的接地平面，而功耗为 5~10W 的电路插件板要求有散热器。

第三节　电子产品的防振

机械振动与冲击对电子产品的危害是严重的，然而振动与冲击又是不可避免的，如发动机和其他振动源所产生的振动，产品在运输过程中的颠簸振动，以及跌落、碰撞、爆炸产生的冲击等。

电子产品受到振动与冲击时，可造成产品内部零部件松动、脱落，甚至损坏。因此，电子产品在设计时应考虑采用减振和缓冲措施。

1）机柜、机箱结构合理、坚固，具有足够的机械强度；在结构设计中应尽量避免采用悬臂式、抽屉式的结构。若必须采用这些结构时，则应拆成零部件运输或在运输中采用固定装置。

2）机内零部件合理布局，尽量降低整机的重心。

3）对大体积或超重(大于10g)的元器件，应先把其直接装配在箱体上或另加紧固装置后再与印制电路板焊接。

4）任何插接件都要采取紧固措施，插入后锁紧。靠螺钉紧固的元器件，如电位器等，应加防松垫圈并拧紧。由于印制电路板插座无锁紧装置，因此插入后必须另加压板等紧固装置。

5）灵敏度高的表头，如微安表、晶体管毫伏表等，应该在装箱运输前将两输入端短接，这样在振动中对表针可以起到阻尼作用，使表头得到保护。

6）整机应安装橡皮垫角。机内易碎、易损件要加减振垫，避免刚性连接。

7）产品的出厂包装应采用足够的减振材料，不准使产品外壳与包装箱直接接触。

第四节　电子产品的电磁兼容性

电子产品工作时，往往要产生一些有用或无用的电磁能量，这些能量会影响其他电子产品的工作，这就是电磁干扰。严格地说，只要把两个以上的电子元器件置于同一环境中，它们工作时就会产生电磁干扰。而电磁干扰可能使电子产品的工作性能变差，严重时还可能使电子产品失灵，甚至还能摧毁电子产品。

电磁兼容设计的目的是使所设计的电子产品在预期的电磁环境中实现电磁兼容。其要求是使电子产品具有以下两方面的能力：

1）能在预期的电磁环境中正常工作，性能无降低或故障。

2）对所处电磁环境不是一个污染源。

由此得出电磁兼容性的定义为：在给定的电磁环境中，各电子产品内部元器件能共同正常工作的能力。

电磁兼容性设计中常采取的措施有屏蔽、接地、隔离、滤波等方法。

一、屏蔽

用导电或导磁材料制成一定的形状(壳、罩、板等)，将电磁能量限制在一定的空间范围内，即将关键电路或元器件用一个屏蔽体包围起来，切断其电磁能量传播途径，以防止这些关键电路或元器件被其外界干扰或作为干扰源影响其他电路工作。

屏蔽可分为电屏蔽、磁屏蔽和电磁屏蔽。

(1) 电屏蔽　即对静电场或电场的屏蔽。当干扰源具有高电压、小电流特性时，其辐射场主要表现为电场(寄生电容)。采用高电导率金属外壳或金属板，并将其良好接地，可达到良好的电屏蔽效果。

如室内高压设备罩上接地的金属罩或较密的金属网罩，电子管用金属管壳。又如作全波整流或桥式整流的电源变压器，在一次绕组和二次绕组之间包上金属薄片或绕上一层漆包线并使之接地，达到屏蔽作用。在高压带电作业中，工人穿上用金属丝或导电纤维织成的均压服，可以对人体起屏蔽保护作用。

（2）磁屏蔽　即对恒磁场或低频磁场的屏蔽。当干扰源具有低电压、大电流特性时，其辐射场主要表现为磁场。采用铁、硅钢片、坡莫合金等高磁导率材料，并适当增加屏蔽体厚度，一般可达到良好的磁屏蔽。当磁场很强时，则需采用双层屏蔽。

磁屏蔽体不用接地，但在垂直于磁力线的方向上，不应出现缝隙，否则屏蔽效果会变差。

磁屏蔽在电子产品中有着广泛的应用。例如变压器或其他线圈产生的漏磁通会对电子的运动产生作用，影响示波管或显像管中电子束的聚焦，为此必须对产生漏磁通的零部件实行磁屏蔽，多媒体计算机采用内磁式（全防磁式）扬声器就是这个道理。手表中，在机芯外罩以软铁薄壳就可以起到防磁作用。

（3）电磁屏蔽　即对电磁场的屏蔽。用于防止或抑制高频电磁场的干扰，也就是对辐射电磁场的屏蔽。采用完全封闭且导电性能良好的金属壳，并良好接地，电磁屏蔽效果就很好。

如在收音机中，用空芯铝壳罩在线圈外面，使它不受外界电磁场的干扰从而避免杂音，音频馈线用屏蔽线也是这个道理；示波管用铁皮包着，是为了使杂散电磁场不影响电子射线的扫描；便携式计算机的电源线、数据线上的磁环也是用来作电磁屏蔽的。在金属屏蔽壳内部的元器件或设备所产生的高频电磁波也透不出金属壳，所以不致影响外部设备。

对电子产品电路的屏蔽具体分两步。

第一步，划分屏蔽单元。

一个电子产品中包含较多不同功能的电路，这些电路之间很容易产生调制干扰、电源噪声等各种干扰，即使在完成同一功能的电路中，如同频的多级放大器，往往也需在级与级之间加以屏蔽，否则容易产生自激。那么在结构设计时应如何划分屏蔽单元呢？下面给出一般原则：

1）设备中具有不同频率的电路，如振荡器、混频器、放大器、滤波器等，都应分别加以屏蔽。若几个不同频率的放大器要安装在一起，为防止相互干扰，也应分别屏蔽。

2）对多级放大器，增益较大时，应进行级间屏蔽。

3）若低电平级靠近高电平级，则需要屏蔽。若干扰电平与低电平可以比拟，则更应严格屏蔽。

第二步，确定屏蔽物结构。

1）屏蔽格结构。对一个部件内电路之间的屏蔽，可采用屏蔽格结构，即用金属板将底板隔成若干个空间，每个空间即是一个屏蔽格。将彼此需要屏蔽的电路，分别安装在不同的屏蔽格中，然后用一块大金属板将所有的屏蔽格盖住（或每个屏蔽格单独用一块小金属板盖住），这样就完成了电路间的屏蔽。

用这种方法必须保证中间隔板与盖板、屏蔽盒的底板、侧板都接触良好。否则会使被屏蔽的电路之间产生寄生耦合。

2）单独屏蔽结构。对屏蔽要求较高或频率很高的电路，应采用单独屏蔽结构，即把欲屏蔽的电路独自用一个屏蔽盒屏蔽。这种结构不会因接触不良而产生寄生耦合，屏蔽效果好，也便于电路调整。

3）双层电磁屏蔽结构。若屏蔽要求很高，如防止接收机本振信号因泄漏而被暴露，或被屏蔽的电路灵敏度很高，或外界电磁场很强等情况下，采用单层屏蔽衰减不够，仍会有一小部分微弱信号泄漏到屏蔽盒外面或外界电磁场进入屏蔽盒里面时，必须采用双层电磁屏蔽结构，即在一个屏蔽盒外面再正确地加上一个屏蔽盒。

所谓"正确"，有以下几种含义：通过内外屏蔽盒的引线，在穿过金属板时需要加穿心电容，在内外屏蔽盒之间仍需要加滤波电路；内层与外层屏蔽盒只能是一点连接，且为了减小引线电感，此连接导体应用金属棒；内外屏蔽盒的间距以 3～5mm 为宜，为防止内外屏蔽盒因变形造成短路，应在内外屏蔽盒间填充绝缘材料；双层屏蔽盒的盖用彼此绝缘的双层金属制成，且内外盖板应分别装有梳形弹簧接触片，分别与内外屏蔽盒可靠地接触。

4）用敷铜板制成的屏蔽结构。把裁好的敷铜板用锡焊固定形成屏蔽盒框架，然后再将框架用焊锡固定在印制电路板的接地铜箔上。

注意： 用敷铜板制成的屏蔽盒，对 500kHz 以下的频段屏蔽效果不佳，但对高频屏蔽效果良好。

二、接地

设计良好的地线网既能提高抗干扰能力，又能减小电磁发射，是减小电磁干扰最有效、最经济的办法。

在电子产品中至少有三种分开的地线：一是产品的机壳、屏蔽物的地线，称为安全地线或屏蔽地线；二是继电器、驱动电动机和高电平电路的地线，称为噪声地线；三是低电平电路的地线，称为信号地线。

1. 安全地线

对于安全地线，其设计要求是接触良好，其中屏蔽地线不宜过长，以就近接地为好。安全地线应与交流电源的保护地线相连。

2. 噪声地线

对于噪声地线，由于电源电压较高，设计时有足够的截面积即可。

3. 信号地线

对信号地线，设计稍复杂些。

1）低频信号地线，应采用单点接地方式。所谓单点接地，是为许多电路提供共同参考点。这个参考点可以是一个点（并联接地，见图 2-15），也可以是一条地线（串联接地，见图 2-16）。比较理想的单点接地方式是将具有类似特性的电路串联接地，然后再将每一个公共点并联连接到单点地上。

2）高频信号地线，应采用多点就近接地。多点就近接地采用地线网，即地线用导电条、导电带组成网格（也可用一整块导电性能好的金属板），各电路单元分别以最短的接地线就近接地，以减小地阻干扰及各种寄生耦合。

3）宽带信号线接地，应采用混合接地。混合接地既包含了单点接地的特性，也包含了多点接地的特性，即使地线在不同频率时呈现不同的特性。具体做法是，在接地系统中使用电抗性元器件。如在较长接地线的中间部分，隔一段距离与机壳间并联一只电容器，利用电容器对不同频率信号的阻抗不同来实现对低频信号单点接地、对高频信号多点接地。

关于电容器容量的选择，应避免出现寄生谐振现象，因为这种谐振会增加干扰。如在一

条自感为 $0.01\mu H$ 的电缆上，使用电容量为 $0.01\mu F$ 的电容器，将在 16MHz 处产生谐振，在这个频率上没有实现高频多点接地。

另外，对电子产品来说，电路往往由多级构成，而每一级都需要接地，接地点的选择也是一个重要问题。其原则是，接地点应选在低电平电路的输入端，使其最接近参考地。若把接地点选在高电平输出端，则会使输入级的地对参考地的电位差最大，地线最长，当然也最易受到干扰，显然这是不合理的。

三、滤波

事实表明，虽然经过很好设计并且具有正确的屏蔽和接地措施的电子产品，仍有传导干扰。采用滤波技术，可以很好地抑制传导干扰。滤波技术的采用包括恰当地设计、选择和正确使用滤波器。

滤波器是一种对选频特性要求较高的选频网络，它对某一给定的频率范围（称为频带）内的信号衰减很小，即频带内信号很容易通过，这一频带称为通带。而不在此范围内的信号通过它时，将产生较大的衰减，即对通带以外的信号具有较强的抑制作用，所以通带外的频率叫滤波器的阻带。

根据通带和阻带的范围，滤波器可分为低通、高通、带通和带阻滤波器。

设备的电源馈线、进出设备的控制线及进出屏蔽盒的某些导线，应加低通滤波器，以避免这些导线对外界形成干扰或遭受其他电路导线干扰，放大器级与级间的退耦电路也采用低通滤波器。

若需要滤除的频率范围很大，如在直流馈电线中滤除一切交流成分，则可将几种不同的电容器并联起来使用。滤低频要求电容器容量大，但引线电感大，不适合滤高频；滤高频要求电容器容量小，不适合滤低频；将它们并联使用，则能同时滤除低频和高频。当然也可以采用三个电容器并联（如 $10\mu F$、$0.1\mu F$、$100pF$），分别滤除工频、音频和射频干扰。

根据滤波器所采用的元件，常用的滤波器有 RC 滤波器和 LC 滤波器两种。

RC 滤波器电路简单、造价低廉，得到了广泛的应用。但 RC 滤波器由于电阻的压降较大，在滤除干扰频率电压的同时，也使有用信号的电压下降，因此 RC 滤波器只用于小电流、高电压的传输信号。对大电流的电源传输线，为避免压降损失，应采用 LC 滤波器，但 LC 滤波器电路在电源刚接通瞬间有起伏效应。

因为 LC 滤波器的滤波性能取决于 LC 的相对位置及 LC 的乘积。当要求的衰减系数一定时，L 大些，则 C 应小些；反之，L 小些则 C 应大些。由于小电流的电感线圈和低电压的电容器容易制造且价格便宜，因此，对低电压、大电流的传输线路，滤波器应采用小电感和允许的最大电容；而对于高电压、小电流的传输线路，滤波器应采用小电容和允许的最大电感。

对干扰电平不高且屏蔽要求也不高的场合（如对穿过屏蔽盒的导线），可采用穿心电容器；而对干扰电平高或屏蔽要求高的情况，则应采用复杂滤波器。滤波器的安装要注意以下几点：

1）滤波器本身要屏蔽，多节滤波器的节与节之间也要屏蔽，屏蔽盒各接缝应良好接触，屏蔽盒应良好接地。

2）滤波器的输入线和输出线在高频时应屏蔽，并且要尽量远离。

3）滤波器要尽可能靠近要滤波的电路。

4）滤波电路的接地线要尽量短，且要可靠。其他元器件的连线也以短为好。

四、隔离

隔离即是把相互干扰的馈线（馈线是指一切载流导线）隔开一定的距离，以消除或削弱它们之间的电磁耦合。

具体做法是：干扰线路与其他线路、敏感线路与其他线路均应避免平行排列。若只能平行排列时，则应把干扰线路、敏感线路屏蔽；电源馈线中的交、直流馈线之间、电源馈线与信号馈线之间必须隔离。当他们平行排列时，其隔离间距应大于 50mm。高频导线是强大的干扰源，一般都要屏蔽。

第五节 电子产品的静电防护

目前，电子产品中广泛使用的电子元器件很多是静电敏感器件（如 MOS 器件等），所谓静电敏感器件是指这些器件很容易遭到静电的破坏而失效。提高静电防护意识，掌握静电防护措施是对每一个从事电子产品生产人员的最基本要求。

一、静电的产生及危害

两个相对绝缘的物体相互摩擦，就会产生静电。像塑料、地毯、化纤织物、纸张、海绵等物品之间或人与这些物品之间的相互摩擦，均可产生和存有大量的静电荷。如人在化纤地毯上行走、坐在用泡沫塑料填充的椅子上、从印制电路板上拉下胶带、对印制电路板进行塑料薄膜包装等都可以使人体携带几千伏甚至高达万伏以上的静电，然而在不放电的情况下，人体对高达 15kV 的静电毫无感觉。若带电人体去触摸静电敏感器件，很容易通过静电放电造成元器件损坏，静电敏感器件及静电放电示意图如图 4-1 所示。

a）静电敏感器件

b）静电放电

图 4-1 静电敏感器件及
静电放电示意图

由于一般静电敏感器件能承受的静电放电电压仅几百伏，最好的也只在 3kV 以下，而人体对 2kV 以下的放电毫无知觉，因此静电放电对元器件的损伤是在不知不觉的状况下发生的，这更增加了其危害性。另外，有些静电敏感器件的绝缘层遭到静电轻微击伤后，在装配的检验工序中并不能被发现，而是等到产品正式投入运行一段时间后，才能发现器件的某些特性变差甚至完全失效，这种留下隐患的损伤，其后果将更加严重。

二、静电的防护

对每一个从事电子产品生产的人员，如产品的加工、装配、测试、运输、储存、包装、调试、修理和维护等人员，都应进行静电防护知识的普及教育和培训，增强他们的静电防护意识，这样就可以避免无处不在的静电对电子产品的破坏。

1. 静电防护设计

在电子产品设计时，应充分考虑静电防护问题，以使电子产品本身具有较强的抗静电能力。

1）选择不容易受静电损坏的器件，即选用静电敏感度低的同功能器件。

2）当必须选用静电敏感器件时，则应将其设置在受保护的位置上，并在印制电路板组装件装配图上标注静电防护标记，如图4-2所示，以提醒使用者加以防护。

注意！

绝对保护
静电敏感器件

图4-2 静电防护标记

3）尽量选用耐静电损坏的材料。

4）结构设计时要考虑布局尽量合理，尽可能使用静电防护技术，如静电屏蔽、开关接地等。

5）在设计印制电路板时，应考虑到静电噪声对电路的影响。

6）静电敏感器件应放在最后一道工序进行焊接，焊好的印制电路板组装件的插头部位应立即插上保护短路插座。

2. 生产过程中的静电防护

生产过程中静电防护的指导思想是：在可能产生静电的地方，迅速可靠地消除静电的积累。在装配和调试工作场所应建立一个完整的静电防护区，所谓静电防护区是指避免静电产生和存在的区域。操作人员要遵守以下规则：

1）进入静电防护区，必须穿上防静电工作服及导电鞋。

2）在接触静电敏感器件之前，必须戴防静电手环。图4-3给出了防静电手环的正确使用方法（手环必须与手腕皮肤紧密接触并通过 $1M\Omega$ 的电阻接地）。

a) 错误方法   b) 正确方法   c) 手环的组成

图4-3 防静电手环的正确使用方法

3）在静电防护区内所设立的各类工作台、支架、设备及工具（尤其是电烙铁）均应良好接地。

4）在进行装配、调试、检测、拆焊等工作时，都必须在静电防护工作台上进行。无论何时都不要将静电敏感器件放置在非静电防护工作台上进行操作。当不可避免地在绝缘体上进行焊接静电敏感器件或调试时，应使用空气电离器，以便有效中和周围的静电。

5）含有静电敏感器件的部件、整件，在加信号测试或调试时，应先接通电源，后接通信号源；测试或调试结束后，应先切断信号源，后切断电源。严禁在通电的情况下进行焊接、拆装及插拔带有静电敏感器件的印制电路板组装件。

6）在静电防护区内，必须使用专用的静电防护材料对静电敏感器件进行存放、包装和运输。

7）静电敏感器件或产品不能靠近电视荧光屏或计算机显示器等有强磁场和电场的物品，一般距离要大于 20cm 以上。

3. 对电子产品维修人员的要求

现场维护修理工作也是造成静电破坏的一个重要因素。在维修时，维修人员往往不注意静电防护工作，由于维修人员身上带有静电，结果使维修设备中的静电敏感器件受到损坏。因此，在对含有静电敏感器件的设备、仪器及产品进行检测、修理、维护和更换模块时，必须采用相应的静电防护措施，如采用一套折叠式现场维修包如图 4-4 所示，内有折叠式导电地垫、接地手环、接地线，它携带很方便。在维修时，维修人员还应穿静电防护工作服、导电鞋。

图 4-4 现场维修包
1—接地线 2—接地手环
3—折叠式导电地垫

4. 防静电性能的检测周期及注意事项

防静电台垫、地板、工作鞋、工作服、周转容器等应至少每月检测一次。

防静电手环、风枪、风机、仪器等应每天检测一次。

检测时，须考虑受检场所的温度、湿度等因素。

本 章 小 结

由于电子产品的使用环境和工作条件很复杂，要使其能可靠地运行，就必须对电子产品采取各种防护措施。

本章主要介绍了以下 5 个方面的问题：

1）通过防潮湿、防盐雾、防霉菌、防尘、防腐设计，提高电子产品抗恶劣环境的能力，保证电子产品在各种恶劣气候条件下能可靠地工作。

2）通过热设计提高电子产品的散热能力，从而把产品的温升控制在允许的范围之内；根据产品使用环境的特点，保证产品内部的各个零部件、元器件和结构件能够承受温度骤变的热冲击。

3）通过减振缓冲设计提高电子产品的抗振动及抗冲击的能力。

4）通过电磁兼容性设计，使电子产品在预期的电磁环境中不但其自身能正常工作，而且也不对其他电子设备产生电磁干扰，使各电子产品内部元器件能共同正常工作。

5）通过静电防护设计，提高电子产品的抗静电能力。

习 题 四

1. 电子产品的防护有哪几种？

2. 防潮湿的措施有哪些？

3. 盐雾对电子产品有哪些危害？防盐雾的措施有哪些？

4. 霉菌对电子产品有哪些危害？防霉菌的措施有哪些？

5. 灰尘对电子产品有哪些危害？防灰尘的措施有哪些？

6. 金属腐蚀对电子产品有哪些危害？防腐设计应包含哪几个方面？

7. 发（蓝）黑、钝化是什么含义？钝化有什么优点？

8. 为什么在设计电子产品时要十分注意热设计？

9. 电子产品的强迫散热方式有哪些？各有什么特点？

10. 在电子产品中常用的防振缓冲措施有哪些？

11. 印制电路板如何防振？

12. 什么是电磁兼容？电磁兼容的目的是什么？

13. 电磁兼容性设计中常采用的措施有哪些？

14. 屏蔽有哪几种？它们分别用于什么场合？

15. 地线有哪几种？应如何设计它们？

16. 为什么要进行静电防护？

17. 静电防护设计应考虑哪些问题？

18. 生产过程中应如何进行静电防护？

第五章

整机装配工艺

电子产品的整机装配就是依据设计文件的要求，按照工艺文件的工序安排和具体要求，把元器件、零部件装连，紧固在印制电路板、机壳、面板等指定的位置上。整机装配工艺的好坏，将直接影响电子产品的质量，因此，一定要把好装配这道关。

第一节 整机装配的准备工艺

整机装配的准备工作包括技术资料的准备、相关人员的技术培训、生产组织管理、装配工具和设备的准备、整机装配所需的各种材料的预处理。而整机装配的准备工艺，往往是指导线、元器件、零部件的预先加工处理，如导线端头加工、屏蔽线的加工、元器件的检验及成型等处理。

一、导线的加工

1. 下料

按工艺文件中导线加工表中的要求，用斜口钳或下线机等工具对所需导线进行剪切。下料时应做到：长度准、切口整齐、不损伤导线及绝缘皮(漆)。

2. 剥头

将绝缘导线的两端用剥线钳等工具去掉一段绝缘层而露出芯线的过程称为剥头。剥头长度一般为 10～12mm。剥头时应做到：绝缘层剥除整齐，芯线无损伤、断股等。

3. 捻头

对多股芯线，剥头后用镊子或捻头机把松散的芯线绞合整齐的过程称为捻头。捻头时应松紧适度(其螺旋角一般为 30°～40°)，不卷曲，不断股。

4. 搪锡

为了提高导线的焊接性，防止虚焊、假焊，要对导线进行搪锡处理。搪锡即把经前三步处理的导线剥头插入锡锅中浸锡。

搪锡注意事项：绝缘导线经过剥头、捻头后应尽快搪锡；搪锡时应把剥头先浸助焊剂，再浸锡；浸锡时间 1～3s 为宜；浸锡后应立刻浸入酒精中散热，以防止绝缘层收缩或破裂；被搪锡的表面应光滑明亮，无拉尖和毛刺，焊料层薄厚均匀，无残渣和焊剂黏附。

另外，若需导线量很少时，也可用电烙铁搪锡。

二、元器件引脚的加工

为了便于安装和焊接元器件，在安装前，要根据其安装位置的特点及技术要求，预先把元器件引脚弯曲成一定的形状，并进行搪锡处理。

1. 元器件引脚的成形

元器件引脚的折弯成形，应根据焊点间距，做成需要的形状，图5-1为引脚折弯的各种形状。图5-1a、b、c为卧式形状，图5-1d、e、f为立式形状。图5-1a、f可直接贴到印制电路板上；图5-1b、d则要求与印制电路板有2～5mm的距离，用于双面印制电路板或发热元器件；图5-1c、e引脚较长，多用于焊接时怕热的元器件。图5-2为半导体晶体管和圆形外壳集成电路的引脚成形要求。图5-3则为扁平封装集成电路的引脚成形要求。

图 5-1　元器件引脚成形示意图

a) 晶体管　　　　　　　b) 圆形外壳集成电路

图 5-2　晶体管和圆形外壳集成电路引脚成形要求

2. 元器件引脚成形的技术要求

1）引脚成形后，元器件本体不应产生破裂，表面封装不应损坏，引脚弯曲部分不允许出现模印裂纹。

2）引脚成形后其标称值应处于查看方便的位置。

3. 元器件引脚的搪锡

因长期暴露于空气中存放的元器件的引脚表面有氧化层，为提高其可焊

图 5-3　扁平封装集成电路引脚成形要求

性，必须做搪锡处理。

元器件引脚在搪锡前可用刮刀或砂纸去除元器件引脚的氧化层。注意不要划伤和折断引脚。但对扁平封装的集成电路，则不能用刮刀或砂纸，而只能用绘图橡皮轻擦清除氧化层，并应先成形，后搪锡，搪锡过程及注意事项与导线的搪锡类似，不再重复。

三、屏蔽导线及电缆的加工

1. 屏蔽导线端头去除屏蔽层的长度

在第四章中讲述了为了防止电磁干扰而采用屏蔽线的问题。所谓屏蔽线，是在导线外再加上金属屏蔽层。在对屏蔽导线进行端头处理时应注意去除的屏蔽层不能太长，否则会影响屏蔽效果。一般去除的长度应根据屏蔽线的工作电压而定，如600V以下时，可去除10~20mm；600V以上时，可去除20~30mm。

2. 屏蔽导线屏蔽层接地端的处理

为使屏蔽导线有更好的屏蔽效果，剥离后的屏蔽层应可靠接地。屏蔽层的接地线通常有以下几种制作方式。

（1）直接用屏蔽层制作 制作方法如图5-4所示，在屏蔽导线端部附近把屏蔽层开一小孔，挑出绝缘线，然后把剥脱的屏蔽层线整形并浸锡。**注意**：浸锡时要用尖嘴钳夹住，否则会向上渗锡，形成很长的硬结。

a）屏蔽线抽头

（2）在屏蔽层上绕制镀银铜线制作 在屏蔽层上绕制镀银铜线制作地线有两种方法：

1）在剥离出的屏蔽层下面缠绸布2~3层，再用直径为0.5~0.8mm的镀银铜线的一端密绕在屏蔽层端头，宽度为2~6mm。然后将镀银铜线与屏蔽层焊牢（应焊一圈），焊接时间不宜过长，以免烫坏绝缘层。最后，将镀银铜线空绕一圈并留出一定的长度用于接地。制作的屏蔽地线如图5-5a所示。

2）有时剥脱的屏蔽层长度不够，需加焊接地导线。即把一段直径为0.5~0.8mm的镀银铜线的一端绕在已剥脱的并经过整形搪锡处理的屏蔽层上2~3圈并焊牢，如图5-5b所示。

b）屏蔽线端浸锡

图5-4 用屏蔽层制作地线

a）缠绕镀银铜线

b）焊接镀银铜线

图5-5 用镀银铜线制作地线

（3）焊接绝缘导线加套管制作 有时并不剥脱屏蔽层，而是在剪除一段金属屏蔽层之后，选取一段适当长度的导电良好的导线焊牢在金属屏蔽层上，再用套管或热塑管套住焊接处，以保护焊点，如图5-6所示。

3. 低频电缆与插头、插座的连接

低频电缆常作为电子产品中各部件的连接线，用于传输低频信号。首先应根据插头、插座的引脚数目选择相应的电缆，电缆内各导线也应进行剥头、捻头、搪锡的处理，然后对应焊到引脚上。应注意已安装好的电缆线束在插头座上不能松动。电缆线束的弯曲半径不得小于线束直径的两倍，在插头座根部的弯曲半径不得小于线束直径的5倍，以防止电缆折损。

图5-6　屏蔽线端焊接
绝缘导线制作地线

（1）非屏蔽电缆在插头、插座上的安装　将电缆外层的棉织纱套剪去适当一段，用棉线绑扎，如图5-7所示，并涂上清漆，再套上橡皮圈。拧开插头上的螺钉，拆开插头座，把插头座后环套在电缆上，将电缆的每一根导线套上绝缘套管，再将导线按顺序焊到各焊片上，然后将绝缘套管推到焊片上。最后安装插头座外壳，拧紧螺钉，旋好后环，如图5-8所示。

图5-7　非屏蔽电缆端头的绑扎

图5-8　非屏蔽电缆在插头座上的安装
1—绝缘套管　2—电缆用橡皮套
3—棉线或锦纶线涂Q98-1漆

（2）屏蔽电缆在插头、插座上的安装　将电缆的屏蔽层剪去适当一段，用浸蜡棉线或亚麻线绑扎，如图5-9所示，并涂上清漆。拧开插头上的螺钉，拆开插头座，把插头座后环套在电缆上，然后将一金属圆垫圈套过屏蔽层，并把屏蔽层均匀地焊到圆垫圈上。将电缆的每一根导线套上绝缘套管，再将导线按顺序焊到各焊片上，然后将绝缘套管推到焊片上。再安装插头座外壳，拧紧螺钉，旋好后环，最后再在后环外缠棉线或锦纶线，并涂上清漆，如图5-10所示。

图5-9　屏蔽电缆端头绑扎

图5-10　屏蔽电缆在插头座上的安装
1—焊锡　2—棉线或锦纶线
（绑扎宽度不小于4mm）

4. 扁电缆的加工

扁电缆又称带状电缆，是由许多根导线结合在一起、相互之间绝缘、整体对外绝缘的一种扁平带状多路导线的软电缆，是使用范围很广的柔性连接。

剥去扁电缆的绝缘层需用专门的工具和技术。常使用摩擦轮剥皮器，低温剥去扁电缆的绝缘层，如图 5-11 所示。也可使用刨刀片去除扁电缆的绝缘层，这种方法需把刨刀片加热到足以熔化绝缘层的温度，如图 5-12 所示。

图 5-11　用摩擦轮剥皮器去　　　　　　图 5-12　用加热的刨刀片去
　　　除扁电缆的绝缘层　　　　　　　　　除扁电缆的绝缘层

扁电缆与电路板的连接常用焊接法或专用固定夹具。

5. 绝缘同轴射频电缆的加工

因射频电缆中流经芯线的电流频率很高，所以加工时应特别注意芯线与金属屏蔽层的径向距离。如果芯线不在屏蔽层的中心位置，则会造成特性阻抗变化，信号传输受损。因此在加工前及加工中，必须**注意**：千万不要损坏电缆的结构。焊接在射频电缆上的插头或插座要与射频电缆相匹配，如 50Ω 的射频电缆应焊接在 50Ω 的射频插头上，焊接处芯线应与插头同心。

四、线把的扎制

电子产品的电气连接主要依靠各种规格的导线来实现。较复杂的电子产品的连线很多，若把他们合理分组，扎成各种不同的线把(也称线束、线扎)，不仅美观，占用空间少，还保证了电路工作的稳定性，更便于检查、测试和维修。

(一) 线把扎制常识

1. 线把扎制要求

线把扎制应严格按照工艺文件要求进行。

2. 走线要求(设计工艺文件时，必须考虑)

1) 输入输出线不要排在一个线把内，并要与电源线分开，以防止信号受到干扰。若必须排在一起时，需使用屏蔽导线。

2) 传输高频信号的导线不要排在线把内，以防止其干扰线把里其他导线中的信号。

3) 接地点要尽量集中在一起，以保证它们是可靠的同电位。

4) 导线束不要形成环路，以防止磁力线通过环行线，产生磁、电干扰。

5) 线把应远离发热体，并且不要在元器件上方走线，以免发热元器件破坏导线绝缘层及增加更换元器件的困难。

6）扎制的导线长短要合适，排列要整齐。从线把分支处到焊点之间应有一定的余量，若太紧，则有振动时可能会把导线或焊盘拉断；若太松，不仅浪费，而且会造成空间凌乱。

7）尽量走最短距离的连线，拐弯处取直角，尽量在同一个平面内连线。

另外，每一线把中至少要有两根备用导线，备用导线应选线把中长度最长，线径最粗的导线。

（二）常用的几种扎线方法

1. 用线绳捆扎

捆扎用线有棉线、尼龙线和亚麻线等，捆扎之前可放到石蜡中浸一下，以增强导线的摩擦系数，以防止松动。线把的具体捆扎方法如图5-13所示。

a) 起始线扣

对于带有分支点的线把，应将线绳在分支拐弯处多绕几圈，起加固作用。具体方法如图5-14所示。

b) 绕两圈的中间线扣　　c) 绕一圈的中间线扣

另外，线把绑好后，应该用清漆涂覆，以防止松脱。

d) 终端线扣

2. 用线扎搭扣捆扎

由于线扎搭扣使用非常方便，所以现在的电子产品生产中常用线扎搭扣捆扎线把。用线扎搭扣捆扎时应注意，不要拉得太紧，否则会弄伤导线，且线扎搭扣拉紧后，应剪掉多余的部分。线扎搭扣的种类很多，如图5-15所示。图5-16为用线扎搭扣捆扎的示意图。

图 5-13　线把的具体捆扎方法

a) 向接线板去的分支线的捆扎

b) 分支线合并后拐弯处的捆扎

c) 一分支线拐弯处的捆扎

图 5-14　分支线的捆扎

3. 用黏合剂黏合

导线的数目较少时，可用粘合剂四氢化呋喃黏合成线把，如图5-17所示。因黏合剂易挥发，所以涂抹要迅速。且涂完后不要马上移动，约经过2min待黏合剂凝固后再移动。

图 5-15 线扎搭扣的种类

图 5-16 用线扎搭扣捆扎示意图

图 5-17 用黏合剂黏合导线制成线把

4. 用塑料线槽排线

目前较大型的电子产品往往需要做机柜，为使机柜内走线整齐，便于查找和维修，常用塑料线槽排线。线槽固定在机箱上，槽上下左右有很多出线孔，只要将不同走向的导线依次排入槽内，盖上线槽盖即可，无须捆扎，如图 5-18 所示。

5. 活动线把的捆扎

在电子产品中常有需活动的线把，如读盘用的激光头线把。为使线把弯曲时每根导线受力均匀，应将线把拧成 15°后再捆绑，如图 5-19 所示。

以上几种线把的特点：用线绳捆扎比较经济，但效率低；用线扎搭扣捆扎方便，但线扎搭扣只能一次性使用；线槽更方便，但较贵，也不适宜小产品；黏合剂黏合较经济，但不适宜导线较多的情况，且换线非常不便。实际中采用何种线把，应根据实际情况选择。

（三）线把的保护

线把绑扎后，有时还要加防护层，尤其是对活动线把，为了防止磨损，通常在线把外再缠绕一层绝缘材料。常选用聚氯乙烯或尼龙带，宽度为 10～20mm。缠绕时，绝缘带前后搭边宽度不少于带宽的一半，末端用黏合剂粘牢或用线绳捆扎。

有时也可用套管，如聚氯乙烯套管、尼龙编制套管、热缩套管等。套管内径应与线把直

图 5-18　用塑料线槽排线

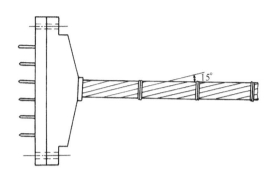

图 5-19　活动线把的捆扎

径相匹配，两端用棉丝绳扎紧，并涂 Q98-1 胶。

第二节　电子产品工艺文件

　　各种准备工艺都必须按照工艺文件的要求去做，那么工艺文件是如何编制的？它包括哪些内容呢？

　　工艺文件是根据产品的设计文件，结合本企业的实际情况编制而成的。它是产品加工、装配、检验的技术依据，也是生产管理的主要依据。在生产中，只有每一步都严格按照工艺文件的要求去做，才能保证生产出合格的产品。

一、电子产品工艺文件的分类

　　根据电子产品的特点，工艺文件通常可分为基本工艺文件、指导技术的工艺文件、统计汇编资料和管理工艺文件用的格式四类。

1. 基本工艺文件

基本工艺文件是供企业组织生产、进行生产技术准备工作的最基本的技术文件，它规定了产品的生产条件、工艺路线、工艺流程、工具设备、调试及检验仪器、工艺装置、工时定额。基本工艺文件应包括：

1）零件工艺过程。

2）装配工艺过程。

3）元器件工艺表、导线及加工表等。

2. 指导技术的工艺文件

指导技术的工艺文件是指导技术和保证产品质量的技术条件，它主要包括：

1）专业工艺规程。

2）工艺说明及简图。

3）检验说明（方式、步骤、程序等）。

3. 统计汇编资料

统计汇编资料是为企业管理部门提供的各种明细表，作为管理部门规划生产组织、编制生产计划、安排物资供应、进行经济核算的技术依据，主要包括：

1）专用工装。

2）标准工具。

3）材料消耗定额。

4）工时消耗定额。

4. 管理工艺文件用的格式

包括：

1）工艺文件封面。

2）工艺文件目录。

3）工艺文件更改通知单。

4）工艺文件明细表。

二、工艺文件的编制

1. 工艺文件的编制原则

应根据电子产品的批量和复杂程度及生产的实际情况，按照一定的规范和格式编写，并配齐成套，装订成册（现在基本按照电子行业标准 SJ/T 10324—92 执行）。

2. 工艺文件的编制要求

1）工艺文件要有工艺的格式和幅面，图幅大小应符合有关标准，并保证工艺文件的成套性。

2）字体要正规，图形要正确，书写应清楚。

3）所用产品名称、编号、图号、符号、材料和元器件代号等应与设计文件保持一致。

4）安装图在工艺文件中可以按照工序全部绘制，也可以只按照各工序安装件的顺序，参照设计文件安装。

5）线把图尽量用 1:1 图样，以便于准确捆扎和排线。大型线把可用几幅图纸拼接，或用剖视图标注尺寸。

6）装配接线图中连接线的接点要明确，接线部位要清楚，必要时内部接线可假设移出展开。各种导线的标记由工艺文件决定。

7）工序安装图基本轮廓相似、安装层次表示清楚即可，不必全按实样绘制。

8）焊接工序应画出接线图，各元器件的焊接点方向和位置应画出示意图。

9）编制成的工艺文件要执行审核、批准等手续。

10）当设备更新、技术革新时，应及时修订工艺文件。

3. 工艺文件的编制方法

电子整机产品装配生产过程有准备工序、流水线工序和调试检验工序，工艺文件应按照工序编制。

（1）准备工序工艺文件的编制 准备工序的内容有：元器件的筛选、元器件引脚的成形和搪锡、线圈和变压器的绕制、导线的加工、线把的捆扎、地线成形、电缆制作、剪切套管、打印标记等。这些工作不适合流水线装配，应按工序分别编制相应的工艺文件。

（2）流水线工序工艺文件的编制 电子产品的装配和焊接工序，大多在流水线上进行。编制流水线工序工艺文件主要为了确定以下几个问题：

① 确定流水线上需要的工序数目，此时应考虑各工序的平衡性，其劳动量和工时应大致接近。

② 确定每个工序的工时，一般小型机每个工序的工时不超过 5min，大型机不超过 30min，再进一步计算日产量和生产周期。

③ 确定工序顺序，要考虑省时、省力，操作方便。

另外，安装和焊接工序应分开。每个工序尽量不使用多种工具，以便工人操作简单，熟练掌握，保证优质高产。

下面以插件工艺文件的编制为例，进行详细说明：

在不具备 SMT 和 AI 设备的企业，所有的元器件都在插件流水线上组装，在有表面组装技术(SMT,Surface Mounted Technology)和自动插件(AI,Automatic Insertion)设备的企业，也有部分元器件是不适应机插、机贴的，这些元器件也必须由插件流水线来完成组装，因此，学习插件工艺文件的编制是必要的。

编制插件工艺文件是一项细致而繁琐的工作，必须综合考虑合理的次序、难易的搭配、工作量的均衡等因素，因为插件工人在流水线作业时，每人每天插入的元器件数量高达 8000 ~ 10000 个，在这样大数量的重复操作中，若插件工艺编排不合理，会引起差错率的明显上升，所以合理地编排插件工艺是非常重要的，应使工人在思想比较放松的状态下，也能正确高效地完成作业内容。

1) 编制要领。各道插件工位的工作量安排要均衡，做到以下几点：

① 工作量(按标准工时定额计算)差别小于等于 3s。

② 电阻器避免集中在某几个工位安装，应尽量平均分配给各道工位。

③ 外型完全相同而型号规格不同的元器件，绝对不能分配给同一工位安装。

④ 型号、规格完全相同的元器件应尽量安排给同一工位。

⑤ 需识别极性的元器件应平均分配给各道工位。

⑥ 安装难度高的元器件，也要平均分配。

⑦ 前道工位插入的元器件不能造成后道工位安装的困难。

⑧ 插件工位的顺序应掌握先上后下、先左后右，这样可减少前后工位的影响。

⑨ 工位顺序应要考虑省时、省力，操作方便，尽量避免工件来回翻动，重复往返。

⑩ 在满足上述各项要求的情况下，每个工位的插件区域应相对集中，可有利于插件速度。

2) 编制步骤及方法(以某小收音机为例)。

① 计算生产节拍时间：

每天工作时间：8h。

上班准备时间：15min。

上、下午休息时间：各 15min。

计划日产量：1000 台。

每天实际作业时间 = 每天工作时间 - (准备时间 + 休息时间)

$$= 8 \times 60min - (15 + 15 \times 2)min = 435min$$

$$= 435 \times 60s = 26100s$$

节拍时间(s) = 每天实际作业时间(s) ÷ 计划日产量

$= 26100\text{s} \div 1000 = 26.1\text{s}$

② 计算印制电路板插件总工时。将元器件分类列在表 5-1 内,按标准工时定额查出单件的定额时间,最后累计算出印制电路板插件所需的总工时(以某小收音机为例)。

表5-1　元器件插件工时

序　号	元器件名称	数量/只	定额时间/s	累计时间/s
1	小功率碳膜电阻	13	3	39
2	跨接线	4	3	12
3	中周(5 脚)	3	4	12
4	小功率晶体管(需整形)	5	5.5	27.5
5	小功率晶体管	2	4.5	9
6	电容(无极性)	12	3	36
7	电解电容(有极性)	7	3.5	24.5
8	音频变压器(5 脚)	2	5	10
9	二极管	1	3.5	3.5
合计总工时/s				173.5

③ 计算插件工位数。插件工位的工作量安排一般应考虑适当的余量,当计算值出现小数时一般总是采取进位的方式。

插件工位数 = 插件总工时 ÷ 节拍时间 $= 173.5 \div 26.1 = 6.65$

所以根据上式得出,日产 1000 台收音机的插件工位人数应确定为 7 人。

④ 确定工位工作量时间。

工位工作量时间 = 插件总工时 ÷ 人数 $= 173.5\text{s} \div 7 = 24.78\text{s}$

工作量允许误差 = 节拍时间 × 10% $= 26.1\text{s} \times 10\% \approx 2.6\text{s}$

(注:工作量允许误差是指各个工位工作量时间之间的最大允许误差)

⑤ 划分插件区域:按编制要领将元器件分配到各工位。

⑥ 对工作量进行统计分析:对每个工位的工作量进行统计分析,见表 5-2。

表5-2　工作量统计

类　型 ＼ 工位序号	一	二	三	四	五	六	七
电阻数/只	1	2	2	2	2	2	2
跨接线数/只	1				2	1	
二极管、晶体管数/只	2	1	1	1	1	1	1
瓷片电容/只	2	2	2	2	1	1	2
电解电容/只		1	1	2	1	1	1
中周、线圈数/只	1	1	1				
变压器数/只						1	1
有极性元器件数/只	2	2	2	3	3	2	2
元器件品种数/只	6	6	6	5	6	7	6
元器件个数/只	7	7	7	7	7	7	7
工时数/s	25	25	25	24.5	24	25	25

⑦ 编写装配工艺过程卡。

（3）调试检验工序工艺文件的编制　应标明测试仪器、仪表的等级标准及连接方法，标明各项技术指标的规定值及其测试条件和方法，并明确规定检验项目和检验方法。

三、工艺文件格式及填写方法

1. 工艺文件封面

工艺文件封面在工艺文件装订成册时使用。简单的设备可按整机装订成册，复杂的设备可按分机单元等装订成册。

2. 工艺文件目录

工艺文件目录是工艺文件装订顺序的依据。它既可作为移交工艺文件的清单，也可便于查阅每一种组件、部件和零件所具有的各种工艺文件的名称、页数和装订次序。

3. 元器件工艺表

为提高插装效率，对购进的元器件要进行预处理加工，而编制的元器件加工汇总表是供整机产品、分机、整件、部件内部电器连接的准备工艺使用的。

4. 导线及扎线加工表

列出整机产品所需各种导线和扎线等线缆用品。使用此表既方便、醒目，又不易出错。

5. 工艺说明及简图

工艺说明及简图可用作调试说明及调试简图、检验说明、工艺流程框图、特殊工艺要求的工艺图等。

6. 装配工艺过程卡

装配工艺过程卡是整机装配中的重要文件，应用范围较广。准备工作的各工序和流水线的各工序都要用到它。其中，安装图、连线图、线把图等都采用图卡合一的格式，即在一幅图纸上既有图形，又有材料表和设备表。主要材料可按操作前后次序排列。有些要求在图形上不易表达清楚，可在图形下方加注简要说明。

工艺文件的具体填写方法见本章第三节中的 R-218T 调频调幅收音机装配实例。

第三节　电子产品装配工艺要求及过程

一、电子产品装配工艺要求

为了确保产品质量，整机的装配工艺应严格按照工艺文件进行。如何才能做到严格执行工艺文件呢？人是关键因素。因此需要对装配工作人员进行严格的岗前培训，提高他们的质量意识，使其能够自觉地执行工艺文件，并使其具有较高的技术素质，有能力执行工艺文件。

电子产品的安全性和可靠性是衡量其质量的两个重要因素，因此装配工艺应该达到以下基本要求。

1. 保证导通与绝缘的电气性能

装配好的电子产品，应在长期工作、振动、温度、湿度等自然条件变化的环境中，都能保证通者恒通、断者恒断，因此在制定工艺文件时已经充分考虑了各个方面的因素，采取了相应的措施，装配时决不能做任何改动。

图5-20a所示为一台仪器机壳为接地保护螺钉设置的焊片组件。安装中，靠紧固螺钉并通过弹簧垫圈（即防松垫圈）的防松作用保证电气连接。如果安装时忘记安装弹簧垫圈，虽然在一段时间内仪器能够正常工作，但在使用过程中不可避免的振动会使螺母逐渐松动，导致连接发生问题。最终，通过这个组件设置的接地保护作用失效。

a) 接地螺钉安装　　　b) 用压片固定电缆

图5-20　电气安装实例

图5-20b所示为用压片将电缆固定在机壳上。安装时应注意两点：一要检查金属压片表面有无尖棱毛刺，二要给电缆套上绝缘套管。原因是此处严格要求电缆线与机壳之间的绝缘。而金属压片上的尖棱毛刺会刺穿电缆线的绝缘层，导致机壳与电缆相通。这种情况往往会造成严重的安全事故。

2. 保证机械强度

在第二章印制电路板排版布局的有关内容中，已经考虑了对于那些大而重的元器件的装配问题，这里还要对此做出进一步说明。

电子产品在使用的过程中，不可避免地需要运输和搬动，会发生各种有意或无意的振动、冲击，如果机械安装不够牢固，电气安装不够可靠，都有可能因为加速运动的瞬间受力使安装受到损害。

例如，把变压器等较重的零部件安装在塑料机壳上，若采用图5-21a所示自攻螺钉固定的办法，由于塑料机壳强度有限，容易在振动的作用下，使塑料孔内的螺纹被拉坏而造成设备的损伤。所以，这种固定方法常常用在受力不大的场合。显然，若采用图5-21b所示螺栓固定的方法，将大大提高安装的机械强度，但安装效率比前一种稍低，且成本也要略高一些。

a) 自攻螺钉固定　　　b) 螺栓固定

图5-21　安装的机械强度

与同步缩小体积的其他元器件相比，大容量的电解电容器目前仍然是印制电路板上体积最大的元件。考虑到机械强度，图5-22a所示的状态是不可靠的。无论是电容器引脚的焊接点，还是印制电路板上铜箔与基板的黏结，都有可能在受到振动、冲击的时候因为加速运动的瞬间受力而被破坏。为解决这种问题，可以采取多种办法：在电容器与印制电路板之间垫入橡胶垫（图5-22b）或聚氯乙烯塑料垫（图5-22c），减缓冲击；使用热熔性的黏合剂把电容器黏结在印制电路板上（图5-22d），使两者在振动时保持同频、同步的运动；或者用一根固定导线穿过印制电路板，绕过电容器把它压倒绑住，固定导线可以焊接在印制电路板上，也可以铰结固定（图5-22e），这种方法非常适合小批量生产。从近几年国内外电子新产品的情况来看，采用热熔性黏合剂固定电容器比较多见。而固定导线的方法多用于固定晶体振荡器，这根导线是裸线，往往还要焊接在晶体的金属外壳上，同时起到电磁屏蔽的作用（图5-22f）；对晶体振荡器来说，更简单的屏蔽兼固定方法是把金属外壳直接焊接在印制电路板上，如图5-22g所示。

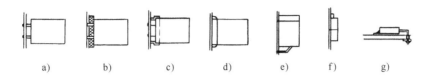

图 5-22 大电容及晶体振荡器的安装

3. 保证传热、电磁等方面的要求

在安装中,必须考虑某些零部件在传热、电磁方面的要求,因此,需要采取相应的措施。

常用的散热器标准件很多,不论采用哪一种款式,其目的都是为了使元器件在工作中产生的热量能够更好地传送出去。大功率的晶体管在机壳上安装时,利用机壳作为散热器的方法如图 5-23 所示。安装时,既要保证绝缘的要求,又不能影响散热效果,即希望导热而不希望导电。如果工作温度较高,应该使用云母垫片;低于 100℃ 时,可以采用完好无损的聚酯薄膜作为垫片。并且在元器件和散热器之间填上硅胶,能够降低热阻、改善传热效果。穿过散热器和机壳的螺钉也要套上套管,如图 5-23a 所示。紧固螺钉时,不要将一个拧紧以后再去拧另一个,这样容易造成管壳同散热器贴合不严,影响散热性能。正确方法是两个(或多个)螺钉轮流逐渐拧紧,可使贴合严密并减小内应力,如图 5-23b 所示。

a) 安装件的相对位置   b) 螺钉的正确固定方法

图 5-23 大功率器件散热器在机壳上的安装

金属屏蔽盒的安装如图 5-24 所示,为避免接缝造成的电磁泄漏,安装时在中间垫上导电衬垫。衬垫通常采用金属编织网或导电橡胶制成。

图 5-24 金属屏蔽盒的安装

二、电子产品装配工艺过程

电子产品的装配工艺过程可分为装配准备、部件装配和整件装配三个阶段。

(一) 装配准备

1. 技术准备

1) 做好技术资料的准备工作,例如工艺文件、必要的技术图纸等。特别是新产品的生产技术资料,更应准备齐全。

2) 装配人员应熟悉和理解产品有关的技术资料,例如产品性能、技术条件、装配图、产品的结构特点、主要零部件的作用及其相互连接关系、关键部件装配时的注意事项及要求等。企业在新产品装配生产前，应举办技术学习班，对有关人员进行技术培训。

2. 生产准备

（1）生产组织准备　根据工艺文件，确定工序步骤和装配方法，进行流水线作业安排、人员配备等。

（2）装配工具和设备准备　在电子产品的部件装配和整件装配中，目前使用的大部分是手工工具，但在某些大型企业中要求一致性强的产品大批量生产的流水线上，为了保证产品质量，提高劳动生产率，配备了一些专用装配设备。下面分别予以介绍。

常用手工装配工具有电烙铁、剪刀、斜口钳、尖嘴钳、平嘴钳、剥线钳、镊子、螺钉旋具（又叫起子、改锥、螺丝刀）、螺帽旋具（用于装拆六角螺母和螺钉）等。

电子产品整机装配专用设备有下列几种：

1）切线剥线机。用于自动裁剪导线，并按需要的剥头长度剥去塑料绝缘层。

2）元器件刮头机。用于刮去元器件表面的氧化物。

3）普通浸锡炉。用于焊接前对元器件引脚、导线剥头、焊片等浸锡处理，也可用于小批量印制电路板制作。

4）自动插件机。用于把规定的电子元器件插入并固定在印制电路板预制孔中。

5）波峰焊接机。用于印制电路板焊接。

6）烫印机。用于烫印金箔，例如扬声器的面框。

（3）材料准备　按照产品的材料工艺文件，进行购料、领料、备料等工作，并完成下列任务：

1）协作零部整件的质量抽检。

2）元器件测量。

3）导线和线把加工，屏蔽导线和电缆加工。

4）元器件引脚成形与搪锡。

5）打印标记。

（二）部件装配

一台电子整机产品通常由各种不同的部件组成，中间装配质量的好坏将直接影响着整机的质量。在生产厂中，部件装配一般在生产流水线上进行，有些特殊部件也可由有关专业生产厂家提供。

1. 印制电路板的装配

电子产品的部件装配中，印制电路板装配元器件数量最多，工作量也较大，印制电路板的装配工艺质量和产品质量关系密切。印制电路板装配的主要工作是装插元器件和焊接工艺，这部分内容详见有关章节。

2. 机壳、面板的装配

产品的机壳、面板既要安装部分零部件，构成产品的主体骨架，同时也对产品的机内部件起保护作用，为使用、运输和维护带来方便。而优美的外观造型又具有观赏价值，可以提高产品的竞争力。产品的机壳、面板的装配要求主要有以下几点：

1）注塑成形后的机壳、面板，经过喷涂、烫印等工艺后，装配过程中要注意保护，工作台面上应放置塑料泡沫垫或橡胶软垫，防止弄脏、划损面板、机壳。

2）进行面板、机壳和其他部件的连接装配时，要准确装配到位，并注意装配程序，一般是先轻后重，先低后高。紧固螺钉时，用力要适度，既要紧固，又不能用力过大造成滑牙穿透，损坏部件。

3）面板、机壳、后盖上的铭牌、装饰板、控制指示、安全标记等应按要求端正牢固地装在指定位置。

4）面板上装配的各种可动件，应操作灵活可靠。

3. 其他常用部件的装配

（1）屏蔽件的装配　为了保证屏蔽效果，屏蔽件装配时，要保证接地良好。对螺纹连接或铆接的屏蔽件，螺钉、铆钉的紧固要做到牢靠、均匀。对于锡焊装配的屏蔽件，焊缝要做到光滑无毛刺。

（2）散热件的装配　散热件和相关元器件的接触面要平整贴紧，以便增大散热面。连接紧固件要拧紧，使它们接触良好，以保证散热效果。

（三）整件装配

整件装配又叫整机总装，是把组成整机的有关零件和部件等半成品装配成合格的整机产品的过程。这些半成品在进入整件装配前应是通过检验合格的，例如，具有一定功能的印制电路板部件应经过调试合格后方可进入总装。整件装配工艺流程框图如图 5-25 所示。

图 5-25　整件装配工艺流程框图

整件装配通常应注意下列事项：

1）整件装配应有清洁、整齐、明亮、温度和湿度适宜的生产环境。装配时应按要求戴好白纱手套再进行操作。操作人员应熟悉装配工艺卡的内容要求，必要时应熟悉整机产品性能、结构。

2）进入整件装配的零件、部件应经过检验，并被确定为要求的型号、品种、规格的合格产品，或调试合格的单元功能板。若发现有不合要求的，应及时更换或修理。

3）装配时应确定好零件、部件的位置、方向、极性，不要装错。安装原则一般是从里到外，从下到上，从小到大，从轻到重，前道工序应不影响后道工序，后道工序不改变前道工序。

4）安装的元器件、零件、部件应端正牢固。紧固后的螺钉头部应用红色胶粘剂固定，铆接的铆钉不应有偏斜、开裂、毛刺或松动现象。

5）操作时应细心，不能破坏零件的精度、表面粗糙度、镀覆层，不能让焊锡、线头、螺钉、垫圈等异物落在整机中，同时应注意保护好产品外观。

6）总装接线要整齐、美观、牢固，导线或线把的放置要稳固和安全，要防止导线绝缘层被损伤，以免造成短路或漏电现象。电源线或高压线一定要连接可靠，不可受力。

7）水平导线或线把应尽量紧贴底板放置，竖直方向的导线可沿边框四角敷设，导线转弯时弯曲半径不宜过小。抽头、分叉、转弯、终端等部位或长线束中间每隔 20～30cm 用线夹固定。交流电源或高频引线可用塑料支柱、支承架空布线，以减小干扰。

8）对产品的性能、寿命、可靠性、安全性等实用性有严重影响或工艺上有严格要求和严重影响下道工序的关键工位工序，应设置质量管理点，通过对质量管理点的强化控制来保证产品的质量。

三、R-218T 调频调幅收音机装配

本收音机采用单片收音机集成电路 SC1088。此电路采用特殊的低中频（70kHz）技术，外围电路省去了中频变压器和陶瓷滤波器，使电路简单可靠，调试方便。限于篇幅，在此只介绍工艺文件封面、工艺文件目录、工艺流程图、元器件清单、配套明细表、电路原理图、装配图、工艺说明，并提出明确的工艺要求（见表5-3～表5-10）。

表5-3　工艺文件封面

工 艺 文 件

第1册
共1册
共8页

文件类别：专业工艺文件
文件名称：
产品名称：R-218T 调频调幅收音机
产品图号：
本册内容：工艺流程图、元器件清单、
　　　　　配套明细表、电路原理图、装配图、
　　　　　工艺说明

批准：

年　月　日

表5-4 工艺文件目录

<table>
<tr><td colspan="3" rowspan="2">工艺文件目录</td><td>产 品 名 称</td><td>计划生产件数</td></tr>
<tr><td colspan="2">R-218T 调频调幅收音机</td></tr>
<tr><td>序号</td><td colspan="2">工艺文件名称</td><td>页数</td><td>备注</td></tr>
<tr><td>1</td><td colspan="2">封面</td><td>1</td><td></td></tr>
<tr><td>2</td><td colspan="2">目录</td><td>2</td><td></td></tr>
<tr><td>3</td><td colspan="2">工艺流程图</td><td>3</td><td></td></tr>
<tr><td>4</td><td colspan="2">元器件清单</td><td>4</td><td></td></tr>
<tr><td>5</td><td colspan="2">配套明细表</td><td>5</td><td></td></tr>
<tr><td>6</td><td colspan="2">电路原理图</td><td>6</td><td></td></tr>
<tr><td>7</td><td colspan="2">装配图</td><td>7</td><td></td></tr>
<tr><td>8</td><td colspan="2">工艺说明</td><td>8</td><td></td></tr>
</table>

旧底图总号	更改标记	数量	更改单号	签名	日期		签名	日期	第2页
						拟制			共8页
底图总号						审核			第1册
						标准化			共1册

表5-5　工艺流程图

工艺流程图		产　品　名　称	产　品　图　号
		R-218T 调频调幅收音机	

（流程图内容）

元器件检测　　SMB检测　　外壳与结构件检验

SMB检测 → 丝印焊膏

元器件检测、丝印焊膏 → 贴片 → 再流焊 → 检验、补焊 → THT元器件装焊

部件装配 → 检测、调试 → 总装、检验

旧底图总号	更改标记	数量	更改单号	签名	日期		签名	日期	第3页
						拟制			共8页
底图总号						审核			第1册
						标准化			共1册

表 5-6 元器件清单

元器件清单		产品名称		产品图号
		R-218T 调频调幅收音机		
序号	器件类型	器件参数	数量	备注
1	贴片集成块	SC1088	1	IC
2	贴片晶体管	9014	1	V3
3	贴片晶体管	9012	1	V4
4	二极管	BB910	1	V1
5	二极管	LED	1	V2
6	磁珠电感	4.7μH	1	L1
7	色环电感	4.7μH	1	L2
8	空心电感	78mH 8 圈	1	L3
9	空心电感	70mH 5 圈	1	L4
10	贴片电阻	15kΩ	1	R1
11	贴片电阻	150kΩ	1	R2
12	贴片电阻	1.2kΩ	1	R3
13	贴片电阻	5.6kΩ	1	R4
14	插件电阻	680Ω	1	R5
15	电位器	51kΩ	1	RP
16	贴片电容	2200pF	1	C1
17	贴片电容	0.1μF	4	C2、C10、C12、C16
18	贴片电容	220pF	2	C3、C5
19	贴片电容	330pF	1	C4
20	贴片电容	3300pF	1	C6
21	贴片电容	180pF	1	C7
22	贴片电容	680pF	1	C8
23	贴片电容	0.068μF	1	C9
24	贴片电容	0.022μF	1	C11
25	贴片电容	470pF	1	C13
26	贴片电容	33pF	1	C14
27	贴片电容	820pF	1	C15
28	插件电容	3300pF	1	C17
29	电解电容	100μF，ϕ6mm×6mm	1	C18
30	插件电容	0.022μF	1	C19

旧底图总号	更改标记	数量	更改单号	签名	日期		签名	日期	第 4 页
						拟制			共 8 页
底图总号						审核			第 1 册
						标准化			共 1 册

表5-7 配套明细表

配套明细表		产 品 名 称		产 品 图 号
		R-218T 调频调幅收音机		
序号	型号规格	名称	数量	备注
1		前框	1	
2		后盖	1	
3	内、外	电位器钮	2	
4	有缺口	开关按钮	1	SCAN 键
5	无缺口	开关按钮	1	RESET 键
6		挂勾	1	
7	正、负、连体片	电池片	各1	三件
8	55mm×25mm	印制板	1	
9	6mm×6mm 二脚	轻触开关	2	S1、S2
10	φ3.5mm	耳机插座	1	XS
11	M2×5	电位器螺钉(机制螺钉)	1	
12	M2×8	自攻螺钉	2	
13	M2×5	自攻螺钉	1	
14	φ0.8mm×6mm	正、负极导线	2	各一
15	32Ω×2	耳机	1	EJ

旧底图总号	更改标记	数量	更改单号	签名	日期		签名	日期	第5页
						拟制			共8页
底图总号						审核			第1册
						标准化			共1册

表 5-8　电路原理图

电路原理图	产　品　名　称	产　品　图　号
	R-218T 调频调幅收音机	

旧底图总号	更改标记	数量	更改单号	签名	日期		签名	日期	第 6 页
						拟制			共 8 页
底图总号						审核			第 1 册
						标准化			共 1 册

表 5-9 装配图

装 配 图	产 品 名 称		产 品 图 号
	R-218T 调频调幅收音机		

旧底图 总号	更改 标记	数量	更改单号	签名	日期		签名	日期	第 7 页
						拟制			共 8 页
底图 总号						审核			第 1 册
						标准化			共 1 册

表 5-10 工艺说明

工 艺 说 明	产 品 名 称	产 品 图 号
	R-218T 调频调幅收音机	

1. 贴片及焊接

(1)丝印焊膏，并检查印刷情况。

(2)按工序流程贴片。

顺序：C1/R1，C2/R2，C3/V3，C4/V4，C5/R3，C6/SC1088，C7，C8/R4，C9，C10，C11，C12，C13，C14，C15，C16。

注意：① SMC 和 SMD 不得用手拿。

② 用镊子夹持不可夹到引线上。

③ IC1088 标记方向。

④ 贴片电容表面没有标志，一定要保证准确及时贴到指定位置。

(3)检查贴片数量及位置。

(4)再流焊机焊接。

(5)检查焊接质量及修补。

2. 安装 THT 元器件

(1)安装并焊接电位器 Rp，注意电位器与印制板平齐。

(2)耳机插座 XS。

(3)轻触开关 S1、S2，跨接线 J1、J2(可用剪下的元器件引线)。

(4)变容二极管 V1(注意,极性方向标记)，R5，C17，C19。

(5)电感线圈 L1~L4(磁环 L1、红色 L2、8 匝线圈 L3、5 匝线圈 L4)。

(6)电解电容 C18(100μF)贴板装。

(7)发光二极管 V2，注意高度，极性如下图所示。

a) 安装   b) 极性

(8)焊接电源连接线 J3、J4，注意正负连线颜色。

旧底图总号	更改标记	数量	更改单号	签名	日期		签名	日期	第 8 页
						拟制			共 8 页
底图总号						审核			第 1 册
						标准化			共 1 册

本 章 小 结

本章主要介绍了三个问题：整机装配的准备工艺，电子产品的工艺文件，电子产品装配工艺要求及过程。

整机装配的准备工艺是装配的第一道工序，是装配质量的关键。主要包括导线的加工、元器件引脚的加工、屏蔽导线的加工、电缆的加工、线把的扎制等。

工艺文件是电子产品生产管理和加工过程的依据，因此，工艺文件的编制应按一定的规范和格式编写。工艺文件包括基本工艺文件、指导技术的工艺文件、统计汇编资料和管理工艺文件用的格式四类。

电子产品装配工艺要求及过程是一个电子产品完成装配的全过程，应严格按工艺文件的要求进行，应保证电子产品的安全性和可靠性。

电子产品装配工艺过程可用图 5-26 表示。

图 5-26   电子产品装配工艺过程框图

习 题 五

1. 整机装配的准备工艺包括哪些内容？
2. 导线的加工有哪些步骤？
3. 屏蔽线接地端的处理有哪几种方式？
4. 线把的扎制有哪几种方法？各有什么优缺点？
5. 在设计工艺文件时，对走线应考虑些什么？
6. 电子产品工艺文件是如何分类的？
7. 电子产品工艺文件的作用是什么？
8. 管理工艺文件用的格式包括哪些内容？
9. 工艺文件的编制原则和编制要求有哪些？
10. 试编写 R-218T 调频调幅收音机的插件工艺文件(参考表 5-8 中的简图)。
11. 叙述工艺文件的格式及填写方法。
12. 电子产品装配工艺要求有哪些？
13. 电子产品装配工艺过程有哪几个阶段？
14. 机壳、面板装配时有什么要求？

第六章

电子产品的调试与检验

电子产品为了达到设计文件所规定的技术指标和功能，在整机装配完成后，一定要进行单元部件调试和整机调试。为了确保将符合质量指标的产品提供给用户，在装配前和装配后还应做好对原材料、元器件、零部件、整机的检验工作。

第一节 调 试 工 艺

电子产品的调试包括两个工作阶段的内容：研制阶段的调试和生产阶段的调试。这两种调试共同之处在于：用测试仪器调整各个单元电路的参数，以满足其性能指标要求；然后，对整个产品进行整体测试。研制阶段的调试与生产阶段的调试的不同之处在于：研制阶段调试是为了满足产品功能的要求，要不断地对电路中元器件进行改动或确定哪些元器件需用可调元器件代替，以及确定调试的具体内容和步骤。

一、调试工作的要求和程序

（一）调试工作的要求

为了保证电子产品的调试质量，在确保产品调试工艺文件完整的基础上，对调试工作一般应有以下要求：

1. 调试人员的要求

调试人员应理解产品工作原理、性能指标和技术条件；正确合理使用仪器，掌握仪器的性能指标和使用环境要求；熟悉产品的调试工艺文件，明确本工序的调试内容、方法、步骤及注意事项。

2. 环境的要求

调试场地应整齐清洁，避免高频电压电磁场干扰，例如强功率电台、工业电焊等干扰会引起测量数据不准确。调试高频电路时应在屏蔽室内进行。调试大型整机的高压部分时，应在调试场地周围挂上"高压"警告牌。

3. 仪器仪表的放置和使用

根据工艺文件要求，准备好测试所需要的各类仪器设备，核查仪器的计量有效期、测试精度及测试范围等。仪器仪表的放置应符合调试工作的要求。

4. 技术文件和工装准备

技术文件是产品调试的依据。调试前应准备好产品的技术条件、技术说明书、电路原理图、检修图和工艺过程指导卡等技术文件。对大批量生产的产品，应根据技术文件要求准备好各种工装夹具。

5. 被测件的准备

调试前必须检查调试电路是否正确安装、连接，有无短路、虚焊、错焊、漏焊等现象，检查元器件的好坏及性能指标。

6. 通电调试要求

通电前，应检查直流电源极性是否正确，电压数值是否合适。同时还要注意不同类电子产品的通电顺序。例如，电子管广播电视发射机，通电时应先加灯丝电压，等几分钟再加低压，最后加高压，关机时则相反；而普通广播电视接收机一般都是一次性通电。通电后，应观察机内有无放电、打火、冒烟等现象，有无异常气味，各种调试仪器指示是否正常。如发现异常现象，应立即按顺序断电。

（二）调试工作的一般程序

由于电子产品种类繁多、功能各异、电路复杂，各产品单元电路的数量及类型也不相同，所以调试程序也各不相同。简单的小型电子产品，装配完毕即可直接进行整机调试。而对较复杂的大中型电子产品，其调试程序如下：

1. 通电前的检查工作

在通电前应检查电路板上的接插件是否正确、到位，焊点是否有虚焊和短路现象。只有这样，才能提高调试效率、减小不必要的麻烦。

2. 电源调试

电源是各单元电路和整机正常工作的基础。通常在电源电路调试正常后，再进行其他项目的调试。通常电源部分是一个独立的单元电路，电源电路通电前应检查电源变换开关是否位于要求的档位上（如110V档、220V档），输入电压是否正确；是否装入符合要求的熔丝等。通电后，应注意有无放电、打火、冒烟现象，有无异常气味，电源变压器是否有超常温升。若有这些现象，应立即断电检查，待正常后才可进行电源调试。

电源电路调试的内容主要是测试各输出电压是否达到规定值、电压波形有无异常或调节后是否符合设计要求等。通常先在空载状态下进行调试，目的是防止因电源未调好而引起负载部分的电路损坏。还可加假负载进行检测和调整，待电源电路调试正常后，接通原电路检测其是否符合要求，当达到要求后，固定调节元器件的位置。

3. 各单元电路的调试

电源电路调试结束后，可按单元电路功能依次进行调试。例如电视机生产的调试可分为行扫描、场扫描、亮度通道、显像管及其附属电路、中放通道、高频通道、色度通道、伴音通道等电路调试。直至各部分电路均符合技术文件规定的指标为止。

4. 整机调试

各单元电路、部件调好后，便可进行整机总装和调整。在调整过程中，应对各项参数分别进行测试，使测试结果符合技术文件规定的各项技术指标。整机调试完毕，应紧固各调整元器件。

二、单元部件调试

单元部件的调试是整机总装和调试的前提，其调试效果直接影响到产品质量，它是整机生产过程中的重要环节。

（一）静态测试与调整

静态工作状态是一切电路的工作基础，如果静态工作点不正常，电路就无法实现其特定电气功能。静态工作点的调试就是在无输入信号的前提下，调整各级的工作状态，测量其直流工作电压和电流是否符合设计要求。因测量电流时，需将电流表串入电路，连接起来不方便；而测量电压时，只需将电压表并联在电路两端。所以静态工作点的测量一般都只进行直流电压测量，如需了解直流电流的大小，可根据阻值计算。也有些电路根据测试需要，在印制电路板上留有测试用的断点，待串入电流表测出数值后，再用锡封焊好断点。

1. 供电电源静态电压测试

电源电压的正常是各级电路静态工作点正常的前提，电源电压偏高或偏低都不能准确测量出静态工作点。

2. 测试单元电路静态工作电压

在静态工作电压测试中，若电压偏低，则电路有短路或漏电现象；若电压偏高，则电路有断路现象。

3. 晶体管的静态电压测试

首先测量晶体管(例 NPN 型)各极对地电压，即 U_b、U_c、U_e，并判断其是否在所规定的状态(放大、饱和、截止)下工作。例如，测量出的 $U_b = 0.6V$、$U_c = 3.2V$、$U_e = 0V$，则说明晶体管工作在放大状态。

4. 集成电路静态工作点的测试

集成电路各引脚对地的电压反映了内部电路的工作状态。只要将所测电压与正常电压相比，如有异常，在排除外电路元器件异常的情况下，即可判断为内电路故障。

（二）动态测试与调整

静态工作点正常后，便可进行动态波形、频率调试。动态测试与调整的项目包括动态工作电压、波形的形状、幅度和周期、动态输出功率、相位关系、频带、放大倍数、动态范围等。这种测试的目的是为了保证电路各项参数、性能、指标符合技术要求。在数字电路的使用中，元器件选择合适，直流工作点正常，一般就可以保证逻辑关系。

1. 电路动态工作电压的测试

动态电压同样是判断电路正常工作的重要手段。测试的内容包括集成电路各引脚对地电压和晶体管各极对地的动态电压。例如，收音机的本振电路，当振荡电路正常工作时，测量振荡管基极对地直流电压，万用表的指针将出现反偏现象。

2. 电路中重要波形的幅度和频率

电子产品中需要进行波形、频率测试和调整的单元不是很多，但在排除故障的过程中却是重要手段。例如，放大电路需要测试波形；接收机的本机振荡及其振荡器既要测试波形又要测试频率。测试单元电路各级波形时，一般需要在单元电路的输入端输入交流信号。测试时应注意仪器与单元电路的连接线，特别是测试高频电路时，测试仪器应使用高频探头，连接线应采用屏蔽线，且连线要尽量短，以避免杂散电容、电感对测试波形、频率测试准确性的影响。

3. 频率特性的测试与调整

频率特性指当输入电压幅度恒定时，网络输出电压随输入信号频率变化而变化的特性，它是发射机、接收机等电子产品的主要性能指标。例如，收音机中频放大器的频率特性，将决定收音机选择性的好坏；电视接收机高频调谐器及中放通道的频率特性，将决定电视机图像质量的好坏；示波器 Y 轴放大器的频率特性制约了示波器的工作频率范围。

因此，在电子产品的调试中，频率特性的测量是一项重要的测试技术。频率特性的测量方法一般采用扫频法。扫频法是将扫频仪的输入端和输出端分别加到被测电路的输入端和输出端，在扫频仪上可以观察到电路对各频率点的响应。扫频法测量是利用扫频信号发生器实现频率特性的自动或半自动测试。因为信号发生器的输入频率是连续扫描的，因此，扫频法简捷、快速，而且不会漏掉被测频率特性的细节。但用扫频法测出的动态特性，存在一定测量误差。

动态调试的内容有很多，如相位特性、瞬态响应、电路放大倍数等，这里就不再赘述，在以后的使用中具体问题具体分析。

三、I²C 总线的整机调试技术

I²C 总线（Inter Integrated Circuit Bus）常译为内部集成电路总线或集成电路间总线。I²C 总线是一种双向、双线、串行总线，包括时钟线和数据线。它们均由 CPU 发出，其他的电路单元均挂在这两根线上。CPU 作为主控器通过总线对各集成电路实施工作状态的控制。而其他的受控单元电路也通过总线响应 CPU 发出的控制命令。目前，I²C 总线在彩电、录像机、影碟机等家电产品中应用十分广泛。下面以 I²C 总线彩电为例作简单介绍。

（一）I²C 总线整机调试的工作原理

I²C 总线彩电所用的 CPU 具有编程能力，芯片内含有 ROM 和 8 位数据编码器。在彩电生产厂，技术人员将被控集成块的地址和调整项目编成各种子程序，并写入 CPU 的 ROM 中，形成调整软件。在正常情况下 CPU 不会运行该调整软件，只有在维修模式下，CPU 才会运行该软件，此时，屏幕上会显示调整项目和调整数据。8 位数据编码器是用来对调整项目进行数据编码的部件，只有在维修模式下，它的编码才受遥控器或本机键的控制。利用这些键可以调整控制数据，调整的结果保存在 E²PROM 中，电视机下次开机后，按新的数据运行。

（二）I²C 总线对被控器的控制过程

当 CPU 需要控制某对象时，会向总线发出被控器的地址指令，被控器接收指令后，便发出应答信息，CPU 收到应答信息后，将被控器作为自己的控制对象。然后，CPU 开始调用数据。找到被控器后，就从存储器中调出控制信息和用户信息，并通过 I²C 总线送到被控器，以便控制被控器的工作状态。被控器接收到指令后，便通过接口中的译码器对指令进行"破译"，并将破译的结果与自己的控制内容编码进行比较，以确定做何种操作，经 D-A 转换后控制相应的模拟电路，完成相应的控制。

（三）I²C 总线的整机调试过程

I²C 总线彩电调试时包括两类信息：一类是用户信息，是用户可以直接控制被控电路的信息（如亮度、对比度、频道选择等控制信息）。此类信息在用户完成相应操作后，就被存入存储器中，用户信息可以由用户随意改动。另一类是控制信息，是由厂家写入 CPU 内的 ROM 中，如场幅控制数据、场中心控制数据等，用户不得随意改动。此类数据的调整，只有进入了维修状态才可通过指定键对数据进行调整。

1. 进入维修状态

维修状态的进入有以下几种：

（1）直接使用密码进入 采用这种方法的彩电，只需直接使用遥控器及本机键按照规定的操作顺序写入一些密码，电视机即可进入维修模式。大多数彩电采用这种方式。

（2）采用维修开关进入 这种彩电的电路板上装有一个维修开关，只需拨动此开关，电视机即可进入维修模式。

（3）短路测试点进入　采用这种方法的彩电，只需将机内某两点短路或将某一点与地短路，电视机可进入维修模式。例如，长虹 N2918 型彩电，只要将 CPU⑨脚对地短路，再开机，电视机便可进入维修模式。

（4）先改装遥控器，再键入密码进入　例如，TCL 3498GH 型彩电，进入维修模式的方法是：将遥控器内的集成块 IC701 的⑤脚与地断开，在⑤脚与④脚之间焊一只 10kΩ 电阻，此时遥控器上的"0"键便是维修模式呼出键。电视机开机后，只要按动遥控器上的数字"0"键，电视机便可进入维修模式。

（5）工厂专用遥控器进入　按动工厂专用遥控器上的"FACTORY ON/OFF"键，电视机即可进入维修模式。

2. 存储器的初始化

I^2C 总线彩电的存储器中包括用户数据和用于控制集成电路的控制数据。如原存储器损坏，更换的存储器一般都是空白的，里面没有 CPU 用于控制 I^2C 总线上所接电路的控制数据，因此整机不能工作。所以要进行初始化操作，即将控制数据重新写入新更换的存储器中。初始化有三种形式：

1）自动初始化。采用这种方式的彩电，在 CPU 内部的 ROM 中存有控制数据（中间值或预置值），开机后 CPU 发现存储器是空的，就会从 CPU 的 ROM 中调出控制数据，自动写入新更换的存储器中。

2）半自动初始化。采用这种方式的彩电，CPU 内部的 ROM 中存有控制数据，但需要进入维修状态，执行一定的操作，才能将 CPU 内部的 ROM 中的控制数据写入新更换的存储器。

3）手动初始化。需要按照厂家给出的存储器数据表，将各调整项目的数据值逐条写入存储器。

三种方式中，前两种使用最多。

初始化后，观察图像和声音是否正常，如有异常则首先进入维修状态，对应该机型的标准数据进行调整。

3. 三洋第二代 I^2C 总线机芯整机的调整简介

本机共设置有工厂状态、黑白平衡状态、调试状态、设置状态四种方式，其中工厂状态一般不用进行调试，设置状态平时请勿对其数据进行更改，以免使电视机丧失某项功能。下面介绍按照表 6-1 和表 6-2 对调试状态和黑白平衡状态的调整。

表 6-1 调试状态

项目号	OSD 显示	内　　容	数据	项目号	OSD 显示	内　　容	数据
00	H. PHASE	行中心	10	11	NT. V. SC	N 制场 S 校正	5
01	NT. H. PHASE	N 制行中心	13	12	RF. AGC	高频 AGC	36
02	H. BLK. LEFT	左消隐	4	13	VOL. OUT	内部音量输出	110
03	H. BLK. RIGHT	右消隐	4	14	SUB. CONT	副对比度	31
04	V. SIZE	场幅	83	15	SUB. COLLOR	副色度	32
05	V. LINE	场线性	10	16	S. SHARP	副锐度	0
06	V. POSI	场中心	0	17	SUB. TINT	副色度	32
07	V. SC	场 S 校正	5	18	OSD. CONT	OSD 对比度	70
08	NT. V. SIZE	N 制场幅	94	19	OSD. H. POSI	OSD 左右位置	20
09	NT. V. VLINE	N 制场线性	10	20	OSD. V. POSI	OSD 上下位置	20
10	NT. V. POSI	N 制场中心	6				

表 6-2　黑白平衡状态

OSD 显示	内　容	数　据	OSD 显示	内　容	数　据
S-BRI	副亮度	70	R-BIA	红驱动	60
C、B/W	内部信号	0	B-BIV	蓝偏压	13
B-DRV	蓝驱动	60	G-BIA	绿偏压	102
G-DRV	绿驱动	8	R-BIA	红偏压	16

调整方法如下：

（1）进入维修状态　把音量减到"00"，然后按一下遥控器上的"前台"键；再按本机键"音量－"键不松手；再按遥控器"前台"键，此时屏幕上显示"工厂状态"。重复以上步骤，即可分别调出"工厂状态"、"调试状态"、"黑白平衡状态"和"设置状态"。

（2）具体项目调整　进入所选状态后，用"频道＋、－"进行上下翻页选择调整项目，用"音量＋、－"对该页的数据进行调整。

（3）退出维修状态　用进入的方法直至调出"设置状态"项后，再次重复此三个步骤即可退出。

四、整机调试

整机调试是为了保证整机的技术指标和设计要求，把经过动静态调试的各个部件组装在一起进行相关测试，以解决单元部件调试中不能解决的问题。整机调试一般有以下几个步骤：

（一）整机外观检查

整机外观检查主要检查外观部件是否完整，拨动是否灵活。以收音机为例，检查天线、电池夹子、波段开关、刻度盘等项目。

（二）整机的内部结构检查

内部结构检查主要检查内部结构装配的牢固性和可靠性。例如电视机电路板与机座安装是否牢固；各部件之间的接插线与插座有无虚接。

（三）整机的功耗测试

整机功耗是电子产品设计的一项重要技术指标。测试时常用调压器对整机供电，即用调压器将交流电压调到 220V，测试正常工作时整机的交流电流，将交流电流值乘以 220V 便得到该整机的功率损耗。如果测试值偏离设计要求，说明机内有短路或其他不正常现象，应进行全面的检查。

（四）整机统调

主要目的是复查各单元电路连接后性能指标是否改变，如有改变，则调整有关元器件。

（五）整机技术指标的测试

已调好的整机为了达到原设计的技术要求，必须经过严格的技术测定。如收音机的整机功耗、灵敏度、频率覆盖等技术指标的测定。不同类型的整机有不同的技术指标及相应的测试方法（按照国家对该类电子产品的规定处理）。

五、整机调试举例

下面以 R-218T 型调频调幅收音机调试为例，说明整机的调试过程。

本机采用 CXA1691M 集成块将调幅（AM），部分的高放、本振、混频、中放、检波、AGC，调频（FM）部分的高放、本振、混频、中放、鉴频、AFC 以及调谐指示，音频功放，稳压电路等全部集成在一片 IC 中。这种收音机具有外接元器件少，电压范围宽（$2 \sim 7.5\text{V}$），输出功率大（$U_{cc} = 6\text{V}$，负载为 8Ω 时，输出功率可达 500mW），电流消耗少（$U_{cc} = 3\text{V}$ 时，AM：$I_D = 3.4\text{mA}$；FM：$I_D = 5.3\text{mA}$）等优点，以集成电路 CXA1691M 为核心的收音机电路原理图如图 6-1 所示。

（一）静态工作点的调整

本机的收音部分电路由集成电路构成。调试时要根据工艺文件分别测试调频（FM）、调幅（AM）状态下集成电路各引脚对地电压值，见表 6-3。

表 6-3　FM/AM 状态下 CXA1691M 各引脚对地电压值

引脚	引脚功能	AM 对地电压/V	FM 对地电压/V	引脚	引脚功能	AM 对地电压/V	FM 对地电压/V
1	交流接地	0.05	0.05	15	FM/AM 波段开关	0	1.7
2	鉴频	3	3	16	AM 中频输入	0	0
3	功放反馈	1.76	1.76	17	FM 中频输入	0	1.7
4	音量控制	0.5	0.5	18	接地	0	0
5	AM 本振	1.6	1.6	19	调谐指示输出	0	0
6	AFC 输入	1.5	1.5	20	地	0	0
7	FM 本振	1.6	1.6	21	AGC/AFC 控制 2	1.6	1
8	稳压输出	1.2	1.2	22	AGC/AFC 控制 1	1.6	2
9	FM 选频	1.6	1.6	23	音频输出	1.6	
10	AM 高频输入	1.6	1.6	24	音频输入	0	0
11	接地	0	0	25	滤波	3	3
12	FM 高频输入	0	0.08	26	正电源输入	3	3
13	地	0	0	27	功放输出	1.8	1.8
14	FM/AM 混频输出	0.4	0.6	28	地	0	0

（二）中频频率调整

（1）FM 中频调整　我国调频收音机的中频频率规定为 10.7MHz。FM 中频特性调试如图 6-2 所示。

在本机中，使用了 10.7MHz 中频陶瓷滤波器 CF1 和 T3 鉴频中周用于 FM 中放电路中，所以 FM 波段中频频率无需调整，只需调整鉴频线圈 T3 便可以准确校准于 10.7MHz，并且 FM 的通频带和选择性也得到了保证。

方法：收听调频波段的一个电台，调整 T3 磁芯的上下位置，使扬声器发出的声音最大、不失真，即为调好。

（2）AM 中频调整　本机 AM 波段中频频率为 455kHz（我国标准为 465kHz）。采用了 455kHz 陶瓷滤波器 CF2，因此，只需调整 T2 中频变压器即可。

图 6-1 R-218T 型调频调幅收音机电路原理图

方法：收听到 AM 波段的一个电台，用无感螺钉旋具调节中周 T2 磁帽的上下位置，使扬声器输出声音最大且不失真，AM 中频频率即为调好，用蜡封固中频变压器，如图 6-2 所示。

图 6-2　FM 中频频率调整

（三）频率覆盖调整

频率覆盖调整是为了保证收音机可变电容从全部旋进到全部旋出时恰好包括整个接收波段，并且，收音机接收频率与它所表示的刻度频率一致。

1. AM 波段频率覆盖调整

进行调幅波段频率覆盖调整时，本振信号频率与所接收台的高频信号必须保持 455kHz（中频）差值。对于刚装好的或调换了变频元器件的收音机，它的本振频率与接收信号频率差值范围往往不为 455kHz，所以应该通过调整收音机的振荡回路，使各个调谐点的本振频率与接收信号频率相差 455kHz。

方法：收音机波段置于 AM 位置（AM 广播频率范围为 525～1605kHz）。

1）低端：将收音机指针调谐到刻度最低端，如 603kHz 位置附近。用无感螺钉旋具调整本振线圈 T1 磁帽的上下位置，收听到 603kHz 电台信号，并使收音机声音最强且不失真。

2）高端：将收音机指针调谐到刻度最高端，如 1026kHz 位置附近。调整与 AM 振荡线圈并联的微调电容 C1b，收听 1026kHz 电台信号，使收音机声音最强且不失真。

调整高端会影响低端频率，调整低端会影响高端频率。上述过程要反复多次！

2. FM 频率范围调整

FM 广播的频率范围为 87~108MHz。收音机波段开关置于 FM 位置。

1）低端：将收音机指针调谐到 87.6MHz 附近，用无感螺钉旋具调整 FM 振荡线圈 L5 的线圈间距，使收音机能收听到低端 87.6MHz 电台，并使输出音量最大。

2）高端：将指针调谐到 103.9MHz 附近，调整本振调谐回路的微调电容 $C1d$，使收音机能收听到 103.9MHz 的电台信号，并使收音机输出音量最大。

上述过程应反复调整两次以上。

（四）统调

统调即调整收音机的输入回路，确保在整个波段内都有较高灵敏度。

1. AM 统调

1）低端：调节收音机四联可变电容收听低端的一个电台，如 603kHz。然后调节 AM 天线线圈 L3 在磁棒上左右的位置，使输出最大音量并固定。

2）高端：将指针调谐到 1026kHz 位置且能收听到清晰的电台，用无感螺钉旋具调整四联可变电容的微调电容 $C1a$，使输出音量最大。

上述过程反复调整两次即可。

2. FM 统调

1）低端：将收音机指针调谐到 87.6MHz 位置且能收听到电台，用无感螺钉旋具调整 L4 的间距，使输出音量最大。

2）高端：将收音机指针调谐到 103.9MHz 位置，且能收听到电台，用无感螺钉旋具调整与调谐回路并联的微调电容 $C1c$，使输出音量最大。

上述过程应反复调整两次以上，使 FM 波段高、低端均获得良好的跟踪。

整机调试结束后，用高频蜡将天线线圈及 L4、L5 封固，以保持调试后的良好状态。

六、调试中应注意的问题

1）通电调试前，应检查电路是否有短路、断路等现象。接通电源时，手不可脱离电源开关，同时观察机内有无打火、冒烟等异常现象。如有应立即切断电源，避免故障范围的扩大。

2）调试中，应做好绝缘保护，避免人体与带电部位直接接触。

3）在更换元器件时，必须切断电源。如更换高压大电容等元器件时，应先放电再操作。

4）在使用和调试 CMOS 电路时必须佩戴防静电手环。

5）离开现场之前，必须关掉所有仪器设备的电源，并拉断总闸。

第二节 检 验

一、检验基本概念

（一）质量检验

1. 质量检验的概念

检验：通过观察和判断，适当时结合测量、试验，进行符合性评价。

质量检验：就是对产品的一个或多个质量特性进行观察、测量、试验，并将结果和规定的质量要求进行比较，以确定每项质量特性合格情况的技术性检查活动。

2. 质量检验工作的内容

（1）熟悉规定要求，选择检验方法，制定检验规范　首先要熟悉标准和技术文件规定的质量特性和具体内容，确定测量的项目和量值，将一项或几项特性要求转换成明确而具体的质量要求、检验方法、观察方法，确定所用计测设备和观察工具。并将确定的检验方法和方案用技术文件形式做出书面规定，制定规范化的检验规程（细则）、检验指导书，或绘制成图表形式的检验流程卡、工序检验卡等。

（2）观察和测量（试验）　按已确定的检验方法和方案，对产品质量特性进行定量或定性的观察、测量和试验，得到需要的量值和结果。

（3）记录　对测量的条件、测量得到的量值和观察得到的技术状态用规范化的格式和要求予以记载或描述，作为客观的质量证据保存下来。

（4）比较和判定　由专职人员将检验的结果与规定要求进行对照比较，确定每一项质量特性是否符合规定要求，从而判定被检验的产品是否合格。

（5）确认和处置　有关检验人员对检验的记录和判定的结果进行签字确认。对产品（单件或批）是否可以接收、放行做出处置。对合格品准予放行，并及时转入下道工序或准予入库、出厂。对不合格品，按其程度分别做出返修、返工或报废处置。对批量产品，根据产品批质量情况和检验判定结果分别做出接收、拒收、复检等处置。

3. 质量检验的分类

（1）按检验阶段分类

1）进货检验：是产品的生产者对采购的原材料、外购件、外协件等物资、配件、器材，进行入库前质量特性的符合性检验，证实其是否符合规定的质量要求的活动。

2）过程检验：是指对生产过程中某一个或多个工序（过程）所完成的在制品、半成品、成品通过观察、试验、测量等方法，确定其是否符合规定的质量要求，并提供相应证据的活动。

3）最终检验：又称成品检验。是对生产过程最终加工完成的制成品是否符合规定的质量要求所进行的检验，并为产品符合规定的要求提供证据。最终检验主要包括外观质量检验、精度检验、性能和功能的检验和试验、安全和环保性能的检验等。最终检验是产品质量控制的重点，也是产品放行出厂的重要依据。

（2）按检验场所分类

1）固定场所检验：是在企业的生产作业场所、场地、工地设立的固定检验站（点）进行的检验活动。

2）流动检验（巡回检验）：是检验人员到产品加工制作的操作人员和机群处进行检验。

（3）按检验方法分类

1）全数检验：产品制造全过程中，对全部单一成品、半成品的质量特性进行逐个检验为全数检验。检验后，根据检验结果对单一产品做出合格与否的判定。

2）抽样检验：是根据数理统计的原则所预先制定的抽样方案，从交验的批产品中抽出部分样品进行检验，根据这部分样品的检验结果，按照抽样方案的判断规则，判定整批产品的质量水平，从而得出该批产品是否合格的结论，并决定是接收还是拒收该批产品，或采取其他处理方式。

4. 质量检验主要职能

1）鉴别功能：根据技术标准、产品图样、工艺规程或订货合同的规定，采用相应的检测方法，观察、试验、测量产品质量特性，判断产品质量是否符合规定的要求，这是质量检验的鉴别功能。主要由专职检验人员完成。

2）"把关"功能：质量"把关"是质量检验最基本的功能。产品的生产过程是一个复杂过程，影响质量的各种因素都会发生变化和波动。因此，必须通过严格的质量检验，剔除不合格品，严把质量关，实现"把关"功能。

3）预防功能：对原材料和外构件的进货检验，对半成品转序或入库前的检验，既起把关作用，又起预防作用。特别是应用现代数理统计方法对检验数据进行分析，就能找到或发现质量变异的特征和规律，利用这些特征和规律就能改善质量状况。

4）报告功能：为了使生产的管理部门及时掌握生产过程中的质量状况，评价和分析质量控制的有效性，把检验获取的数据和信息，经汇总、整理、分析后写成报告，为质量控制、质量改进、质量考核以及管理层进行质量决策提供重要依据。

（二）电子产品检验

（1）定义　电子产品检验是对电子产品是否达到质量要求所采取的技术作业和活动，是电子整机产品检验范围中的最终检验（成品检验）。

（2）目的　全面考核电子产品是否满足质量要求。

（3）内容　电子产品检验内容有环境试验、电性能检测和标识检验。

1）环境试验：模拟产品的最终使用条件和运行方式，进行环境、寿命、可靠性、安全性等检验，如高温老化、振动跌落等试验。

2）电性能检验：包括电、光、声、色等性能的检验，主要是整机电性能技术指标检测，如最大输出电平、灵敏度、频响、信噪比等。

3）标识检验：对产品上或其包装上做出的标记或悬挂的标签等产品标识进行检验，如批号、生产日期、危险警告等。

（三）电子产品检验的标准和规范

1. 检验依据

质量检验的依据：技术标准（包括国家标准、行业标准、企业标准）、产品图样、制造工艺以及有关技术文件。

质量检验的过程：对产品的一个或多个质量特性进行观察、试验、测量。

质量检验的结果：要依据产品技术标准和相关的产品图样、工艺制造技术文件的规定进行对比，确定每项质量特性是否合格，从而对产品质量进行判定。

2. 检验实习计划

质量检验计划就是对检验涉及的活动、过程和资源做出的规范化的书面（文件）规定，用以指导检验活动正确、有序、协调地进行。

基于电子与信息类专业范围的电子产品检验，检验主要是电子整机产品电性能技术指标的检测，检验实习计划的主要内容：

1）依据 ISO 9001 标准模拟建立电子产品检验实习的质量体系并文件化，即制定质量手册和程序文件，对实习过程进行有效控制，包括对检验过程的控制。

2）根据选择的检验对象（电子整机产品）和检验项目，建立电子产品检验的工艺化技术文件，即技术条件和测量方法、操作指导书、作业注意书、仪器操作规程。

3）建立质量记录文件，如仪器设备管理使用记录和检验报告。

二、电子产品检验的一般工艺

（一）概述

（1）工艺和工艺文件　在工业生产中将各种原材料、半成品加工成产品的方法和过程称为工艺。形成的技术性文件称为工艺文件。

（2）电子产品检验工艺的三个部分　包括元器件检验工艺、装配过程检验工艺和整机检验工艺。

（3）电子产品检验方法

1）全检：对所有产品100%进行逐个检验。

2）抽样检验：按照国家标准 GB 2828-2011《逐批检查计数抽样程序及抽样表》和 GB 2829-2011《周期检查计数抽样程序及抽样表》抽取产品样本进行检验。

（4）电子产品一般检验工艺流程　电子产品一般检验工艺流程及常用检验方法如图6-3所示。

图6-3　电子产品一般检验工艺流程及常用检验方法

（5）检验工艺文件主要依据　根据产品的设计文件、工艺文件、相关的国际标准、国家标准、部颁标准、企业标准等文件及资料来制定检验工艺文件。

（6）检验工艺文件的主要内容

1）检验项目：根据设计文件和工艺文件标准等文件及资料的要求制定。

2）技术要求：根据确定的检验项目相应地制定出检验的技术要求。

3）检验方法：根据检验的技术要求，按照规定的环境条件、测量仪表、工具和设备条件，对规定的技术指标按照规定的测量方法进行检验。

4）检验方式：有两种，即全数检验和抽样检验。

5）缺陷分类：重缺陷和轻缺陷。

6）缺陷判据：按照国家标准 GB 2828-2011 和 GB 2829-2011 判断。

（二）元器件检验工艺

元器件检验工艺在电子产品生产过程中占非常关键和重要的地位，因为元器件是电子产品主要核心部分。所以对元器件检验工艺必须严格要求。

工厂在生产之前首先要对外面购买或定做的结构件、零件、部件、元器件按照检验工艺要求进行检验，并做好检验记录、填写好检验报告。合格的做好标识送入元器件仓库。结构件、零件、部件、元器件仓库根据生产任务单发料，车间根据生产任务单领取材料进行生产。

1. 元器件检验

常用的元器件包括电阻器、电容器、电感器、半导体器件、集成电路、电声器件、接插件、开关件和外观结构件等。

例1 半导体二极管检验工艺要求：

1）检验项目：外观、正反向电阻和焊接性。

2）技术要求：正反向电阻。正向电阻≤1kΩ，反向电阻≥500kΩ。

3）检验方法：外观用目测；正反向电阻用数字万用表或模拟万用表测量；焊接性用槽焊法。

4）检验方式：抽检，按国家标准 GB 2828-2011 采用一次正常抽样及一般检查水平Ⅱ级。

5）缺陷分类：重缺陷，包括开路、短路、极性反、引线断、无标记或标记错、混规、壳裂、焊接性差，经锡锅浸入 0.5s 蘸锡，其沾锡面小于 95%（锡锅温度 235℃）；轻缺陷，包括标记不清、外观差、引脚沾漆、漆层长。

6）缺陷判据用质量合格水平（AQL）进行判定。

① 重缺陷：AQL 为 0.04。

② 轻缺陷：AQL 为 0.4。

③ 焊接性：AQL 为 0.25。

2. 零部件、材料检验

常用的结构件、零件、部件和原材料有线材、印制电路板（PCB）、焊料、焊剂等。

例2 印制电路板检验工艺。

1）检验项目：连线、断线、焊接性、外形尺寸和有效孔径。

2）技术要求：按设计图纸要求。

3）检验方法：连线和断线用目测法；外形尺寸和有效孔径用卡尺测量；焊接性用 1~3 块板试焊。

4）检验方式：抽检，按 GB 2828-2011 采用一次正常抽样，一般检查水平。

5）缺陷分类：重缺陷，包括印制板的外形尺寸和孔眼不符合要求、漏孔、漏工序、连线断、焊盘残缺 >1/4、焊盘底层严重发黑、不易焊、阻燃起泡、板料分层、不阻燃、线条连焊、字符方向反。轻缺陷，包括焊盘残缺 <1/4、线条边缘略有毛刺、孔略偏、字符不清晰、略变形。

6）缺陷判据：

① 重缺陷：AQL 为 0.4。

② 轻缺陷：AQL 为 1.5。

（三）装配过程检验工艺

装配过程检验在电子行业中俗称流水检验，一般分为 PCB 装配检验、焊接检验、单板调试检验、组装合拢检验、总装调试检验和成品检验。每道工序的检验都有相应的检验工艺和检验报告。

例3 PCB 贴片、插件检验工艺。

1）技术要求：按图检验贴片、插件的规格、型号、位号，不得错贴、错插、漏贴、漏插，特别是对有极性和方向性的元器件更应注意检查，不得有误。贴片、插件要求整齐、到位，不得有歪斜现象。检验合格后，进入下道工序焊接。

2）检验方法：目测法。

3）检验方式：全检。

例4 PCB焊接检验，印制电路板焊接后焊点检验规范。

1）检验项目：焊点。

2）技术要求：焊锡适量；焊点光滑；无毛刺、砂眼、气孔等现象；无虚焊、假焊现象；印制电路板焊点无拉尖、桥连和溅锡现象；要求补焊后检验。

3）检验方法：目测法。

4）检验方式：全检。

（四）整机检验工艺

整机检验，应按照产品标准（或产品技术条件）规定的内容进行。检验类型一般分为三种：交收试验、定型试验和例行试验。

1. 交收试验

交收试验由生产质量检验监督部门负责进行，订货方可派代表参加，其结果将作为确定产品能否出厂的依据。检验内容包括常温条件下的开箱检查项目和常温条件下的安全、电性能、机械性能的检验项目。这些内容，应由检验人员，按照产品标准（或产品技术条件）的规定，对产品进行抽检，按GB 2828-2011采用一次正常抽样，一般检查水平进行检验。

常用的检验方法：

1）开箱检查：包装检查、产品外观检查。

检查方法：视查法。

2）安全检查：安全标记、电源线、正常条件下的防触电、绝缘电阻及抗电强度等的检查。

检查方法：用相关的检测仪器、设备进行检查。

3）电性能检验：按照产品标准（或产品技术条件）的规定检查。

检查方法：用相关的检测仪器、设备进行检查。

4）机械性能的检验：检查开关、按键、旋钮的操作灵活性、可靠性，及整机机械结构和零部件安装的紧固性。

检查方法：用目测法和手感法。

2. 定型试验

检验内容除包括交收试验的全部项目外，还应包括环境试验、可靠性试验、安全性试验和电磁兼容性试验。环境试验、可靠性试验、安全性试验和电磁兼容性试验均为国家强制执行标准。试验时可在试制样品中按照国家抽样标准进行抽样，或将试制样品全部进行检验。试验的目的主要是考核试制阶段中试制样品是否已达到产品标准（或产品技术条件）的全部内容。

定型试验目前已较少采用，多采用技术鉴定的形式。

（1）环境试验 依据国家标准GB/T 9384-2011《广播收音机、广播电视接收机、磁带录音机、声频功率放大器（扩音机）的环境试验要求和试验方法》进行试验。环境试验标准主要包括气候试验和机械试验。

1) 气候试验内容：

a. 高温负荷试验。b. 高温储存试验。c. 恒定湿热试验。d. 低温负荷试验。e. 低温储存试验。f. 温度变化试验。g. 低气压试验。

2) 机械试验内容：

a. 扫频振动。b. 碰撞试验。c. 跌落试验。

（2）可靠性试验　依据国家标准 GB 5080.7-1986《设备可靠性试验：恒定失效率假设下的失效率与平均无故障时间的验证试验方案》进行试验。比如，对于彩电等产品，平均无故障工作时间（MTBF）：一等品和合格品应达到 15000h，优等品应达到 20000h。

（3）安全性试验　主要依据国家标准 GB 8898-2011《音频、视频及类似电子设备　安全要求》进行试验。

在电子产品中安全标准常采用 GB 8898-2011 第 10 章绝缘要求（电涌试验、湿热处理、绝缘电阻和抗电强度标准）进行试验。

（4）电磁兼容性试验　电磁兼容性指标包括干扰特性、传导抗扰度和辐射抗扰度等方面。涉及国家标准 GB 13837-2012《声音和电视广播接收机及有关设备无线电骚扰特性限值和测量方法》、GB 9383-2008《声音和电视广播接收机及有关设备抗扰度限值和测量方法》、GB/T 13838-1992《声音和电视广播接收机及有关设备辐射抗扰度特性允许值和测量方法》。

3. 例行试验

例行试验内容与定型试验的内容基本相同。一般在下列情况之一时进行：

1) 正常生产过程中，定期或积累一定产量后，应周期性进行一次例行试验。

2) 长期停产后恢复生产时，出厂检验结果与上次定型试验有较大差异时，应进行例行试验。

3) 例行试验检验项目：电性能参数测量、安全检验、可靠性试验、环境试验和电磁兼容性试验。

第三节　电子产品的质量管理及 ISO 9000 标准系列

随着贸易全球化进程的加快，为了经济发展的需要，许多国家对产品的质量提出了更高的要求，制定了各种质量保证制度。但因各国的经济制度和文化不同，所采取的质量术语和概念也不相同，不同的质量保证制度很难被相互认同或采用，阻碍了国际贸易的发展。国际标准化组织（ISO）为了满足国际经济贸易交往中质量保证体系的客观需要，在对各国质量保证制度总结的基础上，经过近十年的努力，于 1987 年发布了 ISO 9000《质量管理和质量保证》标准系列。因该标准系列集科学性、系统性、实践性和指导性等特点于一身，问世后，受到许多国家和地区的关注。到目前为止，已经有几十个国家和地区采用了这套标准系列。

一、质量与质量管理

（一）质量

定义：一组固有特性满足要求的程度。

质量的关键是"满足要求"，这些"要求"必须转化为有指标的特性，作为评价、检验和考核的依据。由于顾客的需求是多种多样的,所以反映产品质量的特性也是多种多样的。

(二)质量管理

1. 定义

质量管理指在质量方面指挥和控制组织的协调活动。

2. 主要职能

制定质量方针和目标,确定质量职责、权限和建立质量管理体系并使其有效运行。

3. 实现

质量管理是以质量管理体系为载体,通过建立质量方针、质量目标和为实施规定的质量目标进行质量策划、实施质量控制和质量保证、开展质量改进等活动予以实现的。

4. 质量管理发展概况

质量管理的发展,大致经历了三个阶段:

(1)质量检验阶段(20世纪20~30年代) 生产企业设置检验部门,配备专职或兼职检验人员,负责产品的检验工作。所使用的手段是各种的检测设备和仪表,方式是严格把关,进行100%的检验。

(2)统计质量管理阶段(20世纪40~50年代) 统计质量管理是运用数理统计方法,从产品质量波动中找出规律性,采取措施消除产生波动的异常原因,使生产过程的各个环节控制在正常的生产状态,从而起到保证经济地生产出符合标准要求产品的作用。这样,就从单纯的产品质量检验发展到生产过程控制的统计质量管理阶段。实践表明,统计质量管理是保证产品质量、预防不合格产生的一种有效方法。

(3)全面质量管理阶段(20世纪60年代至今) 60年代以来,随着科学技术和管理理论的发展,出现了一些关于产品质量的新概念,如"安全性"、"可靠性"与"经济性"等。把质量问题作为一个系统来进行分析研究,并出现了依靠员工自我控制的"零缺陷运动"(简称ZD运动)及质量管理(QM)小组活动等。1961年美国通用电气公司的菲根堡姆发表了《全面质量管理》一书,主张用全面质量管理取代统计质量管理。

全面质量管理(TQM)的含义是:以质量为中心,以全员参与为基础,通过让顾客满意和本组织所有者、员工、供方、合作伙伴或社会等相关方受益而达到长期成功的一种管理途径。

菲根堡姆(又译费根鲍姆)首次提出了质量体系的问题,提出质量管理的主要任务是建立质量体系,这是一个全新的见解和理念,具有划时代的意义。

全面质量管理强调企业从上层管理人员到全体职工"全员参加",把生产、技术、经营管理和统计方法等有机地结合起来,建立一整套完善的质量管理工作体系。这个体系涉及产品形成的全过程,如市场调查、研究、设计、试验、工艺、工装、原材料和外购件的合理供应、生产、计划、检查、行政管理和经营管理、销售和售后服务等环节。将用户使用中提出的意见和要求,作为企业改进和提高产品质量的依据。企业的宗旨是为用户提供物美价廉的产品和优质服务。

全面质量管理的英文缩写是TQC(Total Quality Control),1995年,日本发布了《TQM宣言》,主张用TQM取代TQC,其中"M"是"management"的缩写,更加突出了"管理"。在一定意义上讲,它已经不再局限于质量职能领域,而演变为一套以质量为中心,综合的、全面的管理方式和管理理念。

目前，质量管理已进入世界性的质量管理标准化新阶段。国际标准化组织（ISO）于1987年3月正式发布ISO 9000《质量管理和质量保证》系列标准。此后，经过1994年和2000年二次修改后，于2000年12月颁布2000年版ISO 9000族标准。我国等同采用2000年版ISO 9000族标准，2001年6月1日实施。从此，我国质量管理工作共同遵循国际标准化组织发布的一系列质量管理方面的国际标准，使世界性的质量管理又进入了一个崭新的阶段。

二、标准与标准化

质量管理与标准化有着密切的关系，标准化是质量管理的依据和基础，产品质量的形成，必须用一系列标准来控制和指导设计、生产和使用的全过程。因此，标准化活动贯穿于质量管理的始终。

（一）标准

1. 定义

为在一定的范围内获得最佳秩序，对活动或其结果规定共同的和反复使用的规则、导则或特性文件称为标准。该文件经协商一致制定并经一个公认机构的批准。

其特殊性主要表现在以下5个方面：

1）是经过公认机构批准的文件。例如：国际标准（ISO标准）是经过国际标准化组织（ISO）批准的标准；中华人民共和国国家标准（GB标准）是由国务院标准化行政主管部门审批、编号、公布的标准。

2）是根据科学、技术和经验成果制定的文件。

3）是在兼顾各有关方面利益的基础上，经过协商一致而制定的文件。

4）是可以重复和普遍应用的文件。

5）是公众可以得到的文件。

2. 标准的分级

根据标准适用范围的不同，可将标准分为不同的级别。在国际范围内，有国际标准和区域标准，以及每个国家的标准。

（1）国际标准 国际标准是指由国际标准化团体通过有组织的合作和协商，制定发布的标准。这一级标准在世界范围内适用。例如：国际标准化组织（ISO）、国际电工委员会（IEC）、国际电信联盟（ITU）和国际无线电咨询委员会（CCIR）等。

（2）区域标准 区域标准指由区域性国家集团或标准化集团为维护其共同利益而制定发布标准。例如：欧洲标准（EN）、欧洲标准化委员会（CEN）、欧洲电工标准化委员会（CENELEC）。

（3）我国的标准 根据《中华人民共和国标准化法》规定，我国标准分为四级：

1）国家标准：需要在全国范围内统一的技术要求。强制性国家标准的代号为"GB"，推荐性国家标准的代号为"GB/T"。国家标准的编号由国家标准的代号、国家标准发布的顺序号和国家标准发布的年号三部分构成。例如，国家标准GB/T 2018-1987《磁带录音机测量方法》。

2）行业标准：没有国家标准而又需要在全国某个行业范围内统一的技术要求。例如，SJ/T 11179-1998《收、录音机质量检验规则》就是中华人民共和国电子行业推荐标准。

3）地方标准：由省、自治区、直辖市的标准化主管机构批准、发布，在该行政区域内统一的标准。标准代号是"DB××/"，其中"××"为该行政区代码。

4）企业标准：由企业、事业单位自行批准发布的标准。企业标准代号是"Q/"。

国家鼓励积极采用国际标准。采用国际标准是我国一项重要的技术经济政策，采用国际标准分为等同采用（IDT）、等效采用（EQV）和参照采用（NEQ）。我国许多技术性标准参照采用国际标准。2000 年，我国等同采用 ISO 9000 系列标准（2000 版），国家标准编号为 GB/T 19000—2000 系列标准。

（4）其他国家标准　例如：日本工业标准（JIS）、德国工业标准（DIN）。

（二）标准化

1. 定义

为在一定的范围内获得最佳秩序，对实际的或潜在的问题制定共同的和重复使用的规则的活动称为标准化。

2. 作用

标准化主要是制定标准、宣传贯彻标准、对标准的实施进行监督管理、根据标准实施情况修订标准的过程。这个过程是一个不断循环、不断提高、不断发展的运动过程。每一个循环完成后，标准化的水平和效益就提高一步。

3. 企业标准化

企业标准化是指以提高经济效益为目标，以搞好生产、管理、技术和营销等各项工作为主要内容，制定、贯彻实施和管理维护标准的一种有组织活动。企业标准是企业组织生产、经营活动的依据，主要分为技术标准、管理标准和工作标准。

三、质量管理体系和 ISO 9000 族标准

1. 质量管理体系基本术语

质量管理体系：为实施质量管理所需的组织结构、程序过程和资源。

1）过程：一组将输入转化为输出的相互关联或相互作用的活动。一个过程的输入通常是其他过程的输出。组织为了增值通常对过程进行策划并使其在受控条件下运行。

2）产品：过程的结果。产品的种类：

① 服务（如运输）：是无形的，并且是在供方和顾客接触面上至少需要完成一项活动的结果。

② 软件（如计算机程序、字典）：由信息组成，通常是无形产品并可以方法、论文或程序的形式存在。

③ 硬件（如汽车、电视机）：是有形产品，其量具有计数的特性。

④ 流程性材料（如润滑油）：是有形产品，其量具有连续的特性。

3）程序：为进行某项活动或过程所规定的途径。

4）组织：职责、权限和相互关系得到安排的一组人员及设施。

5）质量控制：质量管理的一部分，致力于满足质量要求。

6）合格（符合）：满足要求。

7）不合格（不符合）：未满足要求。

8）要求：明示的、通常隐含的或必须履行的需求或期望。

9）质量手册：规定组织质量管理体系的文件。阐明一个组织的质量方针，并描述其质

量体系的文件，作为质量体系进行管理的依据，作为审核或评价的依据，作为质量体系存在的依据。

10）记录：阐明所取得的结果或提供所完成活动的证据的文件。记录可用于为可追溯性提供文件，并提供验证、预防措施和纠正措施的证据。

11）质量管理体系：在质量方面指挥和控制组织的管理体系。

2. TC176——质量管理和质量保证技术委员会

什么叫 TC176 呢？TC176 即 ISO 中第 176 个技术委员会（技术委员会简称 TC），它成立于 1980 年，全称是"质量保证技术委员会"，1987 年又更名为"质量管理和质量保证技术委员会"。TC176 专门负责制定质量管理和质量保证技术的标准。我国于 1981 年参加这个组织，现已成为正式会员。

TC176 的职能：是国际标准化组织（ISO）设立的，专门研究质量保证领域内标准化的问题，并负责制订质量体系的国际标准，指导世界性的质量管理工作。

标准的制定：总结各国质量管理经验，经过各国质量管理专家的努力，制定出适应所有的不同类型和规模的组织和所有产品的标准——ISO 9000《质量管理和质量保证》系列（1987.3）。

意义：ISO 9000 系列标准自发布后，已被世界大多数国家和地区采用，被各工业和经济部门所接受，使世界质量管理和质量保证活动有可能统一在 ISO 9000 系列标准的基础上。

TC176 的战略目标：全世界通用性、当前一致性、未来一致性、未来适用性。

3. 1987 版 ISO 9000 族标准简介

什么是 ISO？ISO 是一个组织的英语简称。其全称是 International Organization for Standardization，译成中文是国际标准化组织。ISO 是世界上最大的国际标准化组织。它成立于 1947 年 2 月 23 日，它的前身是 1928 年成立的"国际标准化协会国际联合会"（简称 ISA）。此外，还有很多国际标准化组织，例如 IEC 也比较大，IEC 即国际电工委员会，1906 年在英国伦敦成立，是世界上最早的国际标准化组织。IEC 主要负责电工、电子领域的标准化活动。而 ISO 负责除电工、电子领域之外的所有其他领域的标准化活动。

国际标准化组织（ISO）于 1987 年 3 月正式发布的 ISO 9000 ~ 9004 国际质量管理和质量标准系列（第一版）由以下五个标准构成：

ISO 9000《质量管理和质量保证标准——选择和使用指南》。

ISO 9001《质量体系——设计、开发、生产、安装和服务的质量保证模式》。

ISO 9002《质量体系——生产、安装和服务的质量保证模式》。

ISO 9003《质量体系——最终检验和试验的质量保证模式》。

ISO 9004《质量管理和质量体系要素——指南》。

4. GB/T 19000 标准系列的组成

GB/T 19000 质量管理和质量保证标准系列是我国 1992 年 10 月发布的质量管理国家标准，等同于 ISO 9000 质量管理和质量保证标准系列。GB/T 19000 标准系列是我国首次发布的推荐性管理标准。必须指出，此标准系列虽属于推荐性标准，但这并不意味着可以不执行该标准系列。在一定条件下，本标准系列的性质可以产生异化，即从推荐性转化为强制性。该标准系列由五项标准组成：

GB/T 19000《质量管理和质量保证标准——选择和使用指南》。

GB/T 19001《质量体系——设计、开发、生产、安装和服务的质量保证模式》。

GB/T 19002《质量体系——生产、安装和服务的质量保证模式》。

GB/T 19003《质量体系——最终检验和试验的质量保证模式》。

GB/T 19004《质量管理和质量体系要素——指南》。

这五项标准，适用于产品开发、制造和使用单位，其基本原理、内容和方法具有一般指导意义，对各行业都有指导作用。

采用国际标准，是我国一项重要的技术经济政策。国际标准化组织和我国标准化管理部门规定，采用国际标准分等同采用、等效采用和参照采用三种。

所谓等同采用，是指技术内容完全相同、不做或稍做编辑性的修改。编辑性的修改不改变标准内容，按照 GB 1.1-2009《标准化工作导则　第 1 部分：标准的结构和编写》和 GB 1.2-2002《标准化导则　第 2 部分：标准中规范性技术要素内容的确定方法》进行修改。俗称等同采用是"换封面"，内容不变。用符号"≡"表示。

所谓等效采用国际标准，是指技术内容只有小的差异、编写不完全相同。技术内容小的差异，是指结合各国实际情况所做的小的改动，而在国际标准中也可以被接受的这种差异，例如在我国标准中不得不采用的条款等。用符号"＝"表示。

所谓参照采用国际标准，是指技术内容根据我国实际情况作了某些变动、但性能和质量水平与采用的国际标准相当，在通用互换、安全、卫生等方面与国际标准协调一致。用符号"≈"表示。

原国家技术监督局根据我国市场经济发展的情况决定等同采用 ISO 9000 标准系列，制定了 GB/T 19000 标准系列，对促进我国企业加速同国际市场接轨的步伐，提高企业质量管理水平，增强产品在国际市场上的竞争能力，都具有十分重大的意义。

5. 2000 版 ISO 9000 族标准(第三版)**简介**

（1）标准的结构　2000 版 ISO 9000 族标准的结构由五项标准、技术报告（TR）和小册子组成。五项标准的编号和名称是：

ISO 9000《质量管理体系　基础和术语》。

ISO 9001《质量管理体系　要求》。

ISO 9004《质量管理体系　业绩改进指南》。

ISO 19011《质量和（或）环境管理体系审核指南》。

ISO 19012《测量控制系统》。

其中，ISO 9000、ISO 9001、ISO 9004 和 ISO 19011 共同构成了一组密切相关的质量管理体系标准，是 2000 版 ISO 9000 族的核心标准。

我国根据市场经济发展的情况决定等同采用 ISO9000 标准系列，制定了 GB/T 19000：2000 版标准系列。

（2）标准简介　ISO 9000 族是国际标准化组织在 1994 年提出的概念，它是指由 ISO/TC 176 制定的所有国际标准。该标准族可帮助组织实施并运行有效的质量管理体系，是质量管理体系通用的要求或指南。它不受具体的行业或经济部门的限制，可广泛适用于各种类型和规模的组织，在国内和国际贸易中促进相互理解。

2000 版 ISO 9000 族标准包括了以下一组密切相关的质量管理体系核心标准：

ISO 9000《质量管理体系 基础和术语》表述质量管理体系基础知识，并规定质量管理体系术语（取代 ISO 8402—1994 和 ISO 9000—1994 部分内容）。

ISO 9001《质量管理体系 要求》规定质量管理体系要求，用于证实组织具有提供满足顾客要求和适用法规要求的产品的能力，目的在于增进顾客满意度（取代 ISO 9001—1994、ISO 9002—1994、ISO 9003—1994）。

ISO 9004《质量管理体系 业绩改进指南》提供考虑质量管理体系的有效性和效率两方面的指南。该标准的目的是促进组织业绩改进和使顾客及其他相关方满意（取代 ISO 9004.1—1994 及其分标准中的部分内容）。

ISO 19011《质量和（或）环境管理体系审核指南》提供审核质量和环境管理体系的指南（取代 93 版 ISO 10011.1～3 三个分标准及其 96 版 ISO 14010、ISO 14011、ISO 14012）。

（3）质量管理原则的主要体现

1）以顾客为关注焦点：组织依存于顾客。组织应当理解、满足顾客当前和未来的需求。

2）领导作用：领导者确立组织统一的宗旨及方向。他们应当创造并保持使员工能充分参与实现组织目标的内部环境。

3）全员参与：各级人员都是组织之本，只有他们的充分参与，才能使他们的才干为组织带来收益。

4）过程方法：将活动和相关的资源作为过程进行管理，可以更高效地得到期望的结果。

5）管理的系统方法：将相互关联的过程作为系统加以识别、理解和管理，有助于组织提高实现目标的有效性和效率。

6）持续改进：持续改进总体业绩应当是组织的一个永恒目标。

7）基于事实的决策方法：有效决策是建立在数据和信息分析的基础上的。

8）与供方互利的关系：组织与供方是相互依存的、互利的关系，可增强双方创造价值的能力。

（4）过程方法模式

1）过程：任何使用资源将输入转化为输出的活动或一组活动。资源是过程中的活动所必须的条件。通常，一个过程的输出将直接成为下一个过程的输入。

2）过程方法：系统地识别和管理组织所应用的过程之间的相互作用。

过程方法模式是将质量管理原则——过程方法应用于质量管理体系的建立的具体方法，由此形成了基于过程的质量管理体系模式。

过程是质量管理活动研究的基本单元。研究过程的基本特征，对于识别质量管理活动的每一个过程具有重要指导意义。研究过程的相互作用，为建立一个有机运行的质量管理体系提供了基础方法和管理思路。

图 6-4 为以过程为基础的质量管理体系模式。图中实线箭头表示增值活动；虚线表示信息流，且是双向的。

图中圆内包括四个过程：①产品实现过程；②管理活动过程；③资源管理过程；④测量、分析和改进过程。这四个过程形成一个闭环，以产品实现过程为主过程，对过程的管理构成管理活动过程，即管理职责，实现过程所需资源的提供构成资源管理过程，对实现过程

图 6-4 以过程为基础的质量管理体系模式

的测量、分析和改进构成支持过程。

（5）质量体系文件

1）文件的目的：是使质量管理体系的过程和活动得到有效的运作和实施，文件只有在体系中具体应用、实施后，才能产生增值的效果。

2）文件类型：质量手册、质量计划、规范、指南、程序、记录。

典型的质量管理体系文件层次图如图 6-5 所示。

图 6-5 典型的质量管理体系文件层次图

6. 2008 版 ISO9001 标准

2000 版 ISO9000 族标准发布之后，国际质量体系委员会通过跟踪标准的使用情况，发现一些问题：

（1）ISO9001：2000 标准部分条款的含义不够明确，不同行业和规模的组织在使用标准时容易产生歧义。

（2）与其他标准的兼容性不够。

于是在 2004 年，委员会成员进行了一次正式的系统评审，并在 2007 年 6 月作了最后一次修订。在 2008 年 12 月 30 日发布了一个 2008 版 ISO9001-2008《质量管理体系—要求》标准，于 2009 年 3 月 1 日实施。

ISO9001：2008 标准起草原则：维持标准的原始意图不变；标准不得带有文化偏见；标准行文简洁，不得过度使用质量术语和专用术语，应使所有的相关方，而不只是质量专业人士，都能够理解；标准行文准确，含义清晰，易于达成共识以便消除歧义；多用短句，在不使含义模糊不清的前提下，尽量减少用词；保持使用含义一致的术语；与 ISO/TC 176/SC 1 共同解决术语问题；对 ISO9001：2000 标准的其他要求所提出的修改意见在实施前，必须考虑其效果；标准的要求要以可被审核的方式编写；标准可以翻译为其他语言；与其他管理体系标准和 ISO/CASCO 标准及指南的兼容性和一致性应予以适当考虑。例如：ISO9001：2000 版总则中术语"产品"仅适用于预期提供给顾客或顾客所要求的产品。ISO9001：2008 版既包括以上含义，又包括产品实现过程所产生的任何预期输出，在扩大了产品的范围等这些方面做了改进。

四、实施 ISO 9000 标准系列的意义

（一）提高了企业质量管理水平

ISO 9000 标准系列，是吸收和采纳了世界上许多经济发达国家质量管理实践经验，在我国实施质量管理和质量保证的科学标准。企业通过实施 ISO 9000 标准系列，建立健全质量体系，对提高企业的质量管理水平有着积极的推动作用。

（1）促进企业进行系统的质量管理 ISO 9000 标准系列，对产品质量形成全过程中的各种技术、管理和人员因素提出全面控制的要求，企业对照 ISO 9000 标准系列的要求，可以对企业原来的质量管理进行全面的审视、检查和补充，可以发现质量管理中的薄弱环节，尤其可以协调企业部门之间、工序之间、各项质量活动之间的接口，使企业的质量体系更为科学与完善。

（2）促进企业进行超前管理 企业通过建立完善的质量体系，可以发现和识别现存的和潜在的质量问题，针对这些问题，采取有效的控制措施，使各项质量活动按照希望的目标进行。企业的质量体系，应包括质量手册、程序文件、质量计划和质量记录等质量体系的整套文件，使各项质量活动按规律有序地开展，让企业员工在实施质量活动时有章可循，有法可依，减少质量管理工作中的盲目性。

总之，企业建立健全的质量体系，就是把影响质量的各方面因素组织成一个有机的整体，实施超前管理，保证企业长期、稳定地生产合格的产品。

（3）促进企业的动态管理 为使质量体系充分发挥作用，企业在全面贯彻实施质量体系文件的基础上，还应定期开展质量体系的审核与评估工作，以便及时发现质量体系和产品质量的不足（即需要完善的地方），并且及时发现经营环境的变化、企业组织的变更、产品品种的更新等情况，对企业的质量体系提出新的要求，调整质量体系的组成要素和开展活动的内容，使之适应变化的环境和条件。这些都需要企业及时协调、监控，进行动态管理，才能保证质量体系的适应性和有效性。

（二）使质量管理与国际规范接轨

ISO 9000 标准系列被世界许多国家、地区和组织所采用，成为在各国（地区）贸易交往中需方对供方质量保证能力评价的依据，或者作为第三方对企业的技术管理能力认证的依据。所以，按照 ISO 9000 质量标准系列的要求建立相应的质量体系，积极开展第三方的质量认证，已成为全球企业的共同认识和全球性的趋势。因此，国内企业大力实施 ISO 9000

标准系列，建立健全的质量体系，积极开展第三方质量认证，使我国质量管理与国际规范接轨，对提高我国的企业管理水平和产品的竞争能力，具有极其重要的战略意义。

（三）有利于提高产品的竞争能力

企业的技术能力和管理水平决定了产品的质量。一旦企业的产品和质量体系通过了国际上公认机构的认证，不仅可以在产品上贴上认证标记，而且可以在广告中宣传其企业的管理和技术水平。所以，产品的认证标记和质量体系的注册证书，将成为企业最有说服力的形象广告，经过认证的产品必然成为消费者争先选购的对象。通过认证的企业名称将出现在认证机构的有关资料中，必然将企业的国际知名度大大提高，使购货机构对被认证的企业的技术、质量和管理能力产生信任，对产品予以优先选购。有些国家还对经过权威机构认证的产品给予免检、减免税率等优惠待遇，因而大大提高了产品在国际市场上的竞争能力。认证的结果往往导致销售量的增加和赢利的上升。

（四）消费者的合法权益得到保护

消费者的合法权益、社会与国家安全等，都同企业的技术和管理的保证能力息息相关。即使产品按照技术规范进行生产，但当规范本身不完善或生产企业本身的质量体系不健全时，产品也就无法达到规定的或潜在的需要，发生质量事故的可能性还是很大的。因此，贯彻 ISO 9000 标准系列，企业建立相应的质量体系，稳定地生产满足需要的产品，无疑是对消费者乃至整个人类利益的一种实实在在的保护。

本 章 小 结

本章介绍了三个方面的内容：电子产品的调试、电子产品的检验、电子产品的质量管理及 ISO 9000 标准系列。

电子产品的调试分单元部件调试和整机调试。调试的目的是使电子产品达到规定的各项指标，实现预定功能，以确保电子产品的质量。

单元部件的调试工艺流程为：外观检查→静态工作点测试与调整→波形→频率测试与调整→性能综合指标测试。

整机调试工艺流程为：整机外观检查→结构调整→整机功耗→整机统调→整机技术指标测试。

收音机的整机调试步骤包括静态工作点的调整、中频频率调整、频率覆盖调整和统调。

电子产品的检验介绍了检验的概念和电子产品检验的工艺。电子产品的检验包括元器件检验、过程检验工艺和整机检验工艺。为了保证产品质量，生产过程中一般采用自检、互检和专职检验相结合的方式。产品的检验包括全检和抽检两种。

ISO 9000 质量管理和质量保证标准由 ISO 9000、ISO 9001、ISO 9004、ISO 19011 和 ISO 19012 等五项标准组成。实施 ISO 9000 族标准有利于提高企业质量管理水平、有利于质量管理与国际规范接轨、有利于提高产品的竞争能力、有利于保护用户的合法权利。GB/T 19000 质量管理和质量保证标准系列是我国的质量管理国家标准，等同于 ISO 9000 质量管理和质量保证标准系列。

习 题 六

1. 电子产品进行调试的目的是什么？其主要内容包括什么？

2. 整机调试的一般程序是什么?

3. 电子产品检验的工艺流程是什么?

4. 全数检验和抽样检验的定义是什么?

5. 具体叙述一下 AM/FM 收音机的调试步骤。

6. I^2C 总线整机调试的基本原理是什么?

7. I^2C 总线彩电的调试包括哪几个步骤?

8. 实施 ISO 9000 标准系列有哪些意义?

9. 我国的质量管理标准主要包括哪几个?

参 考 文 献

[1] 梁定泉. 电子整机装配工艺与技能训练[M]. 北京：北京理工大学出版社，2009.

[2] 黄纯. 电子产品工艺[M]. 北京：电子工业出版社，2006.

[3] 郭永贞. 电子实习教程[M]. 北京：机械工业出版社，2005.

[4] 王卫平，陈粟宋. 电子产品制造工艺[M]. 北京：高等教育出版社，2005.

[5] 何丽梅. SMT-表面组装技术[M]. 北京：机械工业出版社，2013.

[6] 刘豫东，李春雷，曹德跃. 电子产品检验术[M]. 北京：高等教育出版社，2009.

[7] 菅沼克昭. 无铅焊接技术[M]. 宁晓山，译. 北京：科学出版社，2004.

[8] 谢龙汉. Altium Designer 原理图与 PCB 设计及仿真[M]. 北京：电子工业出版社，2012.

[9] 费小平. 电子整机装配工艺[M]. 北京：电子工业出版社，2011.